U0146714

▼ 清晰焦点模糊的照片

Before

▶ 模拟照片的景深效果

Before

▲ 为照片添加边框

Before

放飞
fang feixinqing
qingsong kuaile
mei yi tian ....

Before

Before

▲ 为照片替换单纯
的背景

▲ 增强照片中人物
的动感效果

Before

◀ 去除照片中拍摄者的投影

▲ 去除照片的紫边

Before

▲ 去除照片的噪点

Before

▼ 修正曝光不足的照片

Before

▲ 删除照片中多余的景物

Before

▼ 增加照片的局部光源效果

▲ 修正照片中散乱的光源

▲ 去除人物眼镜上的反光

▶ 调整照片的色彩对比

◀ 将彩色照片变单色照片

▼ 将照片调整为反转胶片效果

Before

▼ 突出闪亮的双眼

Before

▲ 美白皮肤

Before

▶ 增强照片的色彩层次

Before

Before

▲ 增长睫毛

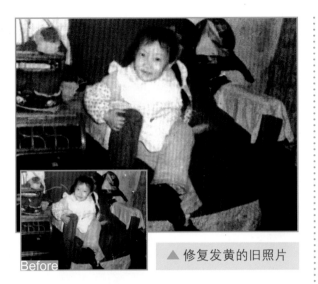

▲ 修复发黄的旧照片

▼ 修复照片中的合影人物

▲ 修复照片中色彩的局部偏差

▶ 修复照片中的水渍污损

▲ 修复严重受损的照片

Before

▼ 增加水景照片的光照效果

Before

▲ 将照片调整为怀旧效果

Before

▲ 制作照片的逆光效果

▶ 将照片调整为仿古效果

Before

◀ 为秀丽山川照片调色

Before

▲ 制作照片的
梦幻效果

▲ 合成异国之旅
的照片

▲ 制作照片的
晚霞效果

▶ 为人文照片调色

▲ 将合影变成单人照

▼ 制作照片的
水彩效果

Before

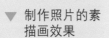

▲ 修正人物脸部
的局部亮面

Before

▼ 制作照片的素
描画效果

Before

▲ 为照片添加个性签名

▼ 制作个人心情日记效果

◀ 制作网络个人相册

Photoshop CS3

数码照片处理经典 150例

锐艺视觉／编著

中国青年出版社
中国青年电子出版社
http://www.21books.com http://www.cgchina.com

律师声明

北京市邦信阳律师事务所谢青律师代表中国青年出版社郑重声明：本书由著作权人授权中国青年出版社独家出版发行。未经版权所有人和中国青年出版社书面许可，任何组织机构、个人不得以任何形式擅自复制、改编或传播本书全部或部分内容。凡有侵权行为，必须承担法律责任。中国青年出版社将配合版权执法机关大力打击盗印、盗版等任何形式的侵权行为。敬请广大读者协助举报，对经查实的侵权案件给予举报人重奖。

侵权举报电话：

全国"扫黄打非"工作小组办公室　　　中国青年出版社

010-65233456 65212870　　　　　　010-64069359 84015588转8002

http://www.shdf.gov.cn　　　　　　　E-mail: law@21books.com MSN: chen_wenshi@hotmail.com

图书在版编目（CIP）数据

Photoshop CS3数码照片处理经典150例/锐艺视觉编著.—北京：中国青年出版社，2007

ISBN 978-7-5006-7794-9

I.P...　II.锐 ...　III.图形软件，Photoshop CS3　IV. TP391.41

中国版本图书馆CIP数据核字（2007）第164137号

Photoshop CS3数码照片处理经典150例

锐艺视觉　编著

————————————————

出版发行：　中国青年出版社

地　　址：北京市东四十二条21号

邮政编码：100708

电　　话：（010）84015588

传　　真：（010）64053266

责任编辑：肖　辉　王家辉

封面设计：王世文　刘　娜

————————————————

印　　刷：北京博海升彩色印刷有限公司

开　　本：889×1194　1/16

印　　张：22.25

版　　次：2008年1月北京第1版

印　　次：2008年1月第1次印刷

书　　号：ISBN 978-7-5006-7794-9

定　　价：69.00元（附赠1DVD）

————————————————

本书如有印装质量等问题，请与本社联系　电话：（010）84015588

读者来信：reader@21books.com

如有其他问题请访问我们的网站：www.21books.com

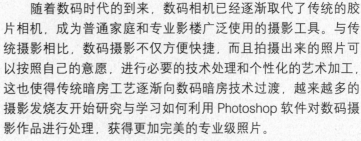

前言

　　随着数码时代的到来，数码相机已经逐渐取代了传统的胶片相机，成为普通家庭和专业影楼广泛使用的摄影工具。与传统摄影相比，数码摄影不仅方便快捷，而且拍摄出来的照片可以按照自己的意愿，进行必要的技术处理和个性化的艺术加工，这也使得传统暗房工艺逐渐向数码暗房技术过渡，越来越多的摄影发烧友开始研究与学习如何利用 Photoshop 软件对数码摄影作品进行处理，获得更加完美的专业级照片。

　　本书专门针对想要学习数码后期处理技术的摄影爱好者和数码影像工作者而编写，收录了 150 个类型各异的数码照片典型实例，是一本内容实用而全面的数码后期处理案例集。很多当前照片修饰处理的热点问题和摄影发烧友感兴趣的问题，例如如何挽救拍摄失败的报废照片，如何为照片添加艺术效果，如何制作增加人气的网络照片，如何模仿专业摄影作品等，都能在本书中找到满意的答案。

　　本书共分技术篇和应用篇两大部分。其中技术篇（第 1 章～第 6 章）从照片处理的基础知识出发，针对数码照片中经常出现的一些拍摄缺陷进行修饰和调整，为读者提供行之有效的处理技巧；应用篇（第 7 章～第 14 章）是在技术篇的基础上对照片处理技能的延伸与拓展，其中包含各种对照片进行艺术效果处理和特效设计的技巧和方法，使得厌烦了枯燥的编修工作的读者，能够从中寻找到更多 DIY 的乐趣。

　　本书案例中所使用的照片都是日常生活中所拍摄的照片，完全贴近我们的生活，让读者在学习中不再感到枯燥乏味。同时本书还为 65 个案例制作了视频教学，并进行全程语言讲解，读者只要打开随书赠送的多媒体光盘，就相当于把老师请回家，手把手地指导自己完成本书实例的制作。除此之外，本书采用了独具特色的双栏版式，在左侧的小栏中提供了大量实用的拍摄技巧和操作技巧，让读者足不出户就可以轻松应对数码拍摄的方方面面，体验后期处理的无穷乐趣。相信本书一定会成为广大读者学习中的好帮手。

　　数码照片后期处理的方法灵活多样，各种照片中存在的问题也不尽相同。本书只是为读者提供了一个解决问题的参考，在学习时还要多加实践和练习，最终才能能够脱离书本，真正掌握数码后期原理，进行独立的照片编修工作。

作　者

2007 年 10 月

目录

目录

目录

7 风景照片的调色与特效制作

8 静物照片的调色与艺术效果制作

    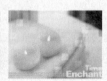

9 城市主题照片的修饰和制作

目录

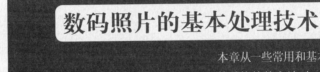

Chapter

01

数码照片的基本处理技术

本章从一些常用和基本的数码照片处理入手，通过简单快捷的方法对一些出现小问题的照片进行快速修复。本章主要运用了一些简单的辅助工具、修复工具以及基本的图层样式效果，通过这些基本工具和功能的运用，让您轻松步入数码照片处理的神奇之路。

001 翻转照片的方向

Before

After

　　本例中原照片的花朵给人以孤立，没有完全绽放的感觉，可以通过调整反转照片的方向，美化照片中的图像。在实际应用中需要说明的是，在拼合图像的时候，一定要注意两张图像之间的结合，不能够出现缝隙或错位的现象，以免影响照片的视觉效果。

主要使用功能： 自由变换命令、裁剪工具、矩形选框工具等。

最终文件路径： Chapter1\01翻转照片的方向\Complete\翻转照片的方向.psd。

拍摄技巧：

从某方面来讲，摄影就是画面景物的取舍，布局和构图。通过镜头角度的选择，组成一个整体，构成完美的画面以揭示主题。可多汲取别人的经验从而掌握取景构图的规律。

01 执行"文件 > 打开"命令，在弹出的对话框中，选择本书配套光盘中Chapter1\01翻转照片的方向\Media\001.jpg 文件，单击"打开"按钮打开素材文件，如图 1-1 所示。将"背景"图层拖移至"创建新图层"按钮　上，复制"背景"图层，得到"背景副本"图层，如图 1-2 所示。

图1-1

图1-2

技巧提示：

隐藏图层主要是将该图层隐藏并不可以对该图层执行任何命令，同时在对其他图层进行操作时也不会影响该图层的图像。

在该案例中隐藏背景图层后，必须要保持当前选择的图层是背景副本图层才能执行其他操作。

02 单击"背景"图层的"指示图层可视性"按钮　，隐藏"背景"图层，如图 1-3 所示。选择"背景副本"图层，执行"编辑 > 自由变换"命令，在照片图像上右击后选择弹出的快捷菜单中的"旋转 90 度（逆时针）"命令，效果如图 1-4 所示。

图1-3

图1-4

03 然后按住 Shift 键的同时缩小图像并将其调整到合适的位置，按下 Enter 键确认变换，效果如图 1-5 所示。选择"背景副本"图层，如图 1-6 所示。

图1-5

图1-6

04 单击矩形选框工具◻，为了更好地结合图像，如图 1-7 所示在花卉的花托底部创建选区。选择"背景副本"图层，按下 Delete 键删除选区内的图像，并按下快捷键 Ctrl+D 取消选区，效果如图 1-8 所示。

图1-7

图1-8

05 再复制"背景副本"图层，得到"背景副本 2"图层，此时，"图层"面板如图 1-9 所示。选择"背景副本 2"图层，执行"编辑 > 自由变换"命令，在照片图像上右击后选择弹出的快捷菜单中的"水平翻转"命令并将其调整到合适的位置，效果如图 1-10 所示。

图1-9

图1-10

技巧提示：

自由变换命令可以将图片放大或缩小到任意大小，并可以随意调整到任何角度，以便于对图片进行调整和操作。

除了执行"编辑 > 自由变换"命令外。还可以通过按下快捷键 Ctrl+T 来完成。

按下快捷键 Ctrl+T 后，按住 Ctrl 键的同时，可以任意调整图像编辑框控制手柄进行变形，并按下 Enter 键确定来完成编辑，但不能多次执行变换命令，以免影响图像质量。

06 单击裁剪工具◻，如图 1-11 所示以花朵为中心进行选取，按下 Enter 键确定裁剪，效果如图 1-12 所示。至此，本实例制作完成。

图1-11

图1-12

002 扶正倾斜的照片

Before

After

　　本例中原照片由于镜头的偏移产生倾斜，通过对其位置进行调整，可使照片效果达到最佳。在实际应用中需要注意度量线的使用和角度的旋转，旋转至正确的角度才能保证照片中景物的准确。

 主要使用功能： 度量工具、任意角度命令、裁剪工具等。

 最终文件路径： Chapter 1\02扶正倾斜的照片\Complete\扶正倾斜的照片.psd。

拍摄技巧：

在拍摄风景图像时，我们大多是以水平角度对其进行拍摄。照相机镜头的光轴与被摄对象的视平线所形成的角度称为拍摄角度。拍摄时，照相机正对被摄物，照相机镜头光轴与被摄物视线夹角为 0°即为正面拍摄。

技巧提示：

对图像进行处理以前，复制原图像后对新图层进行处理，这样可以避免损坏原图像的信息，并可随时将制作的图像与原图像做效果对比。

01 执行"文件 > 打开"命令，在弹出的对话框中，选择本书配套光盘中 Chapter1\02扶正倾斜的照片 \Media\001.jpg 文件，单击"打开"按钮打开素材文件，如图 2-1 所示。

图2-1

02 将"背景"图层拖移至"创建新图层"按钮 上，复制"背景"图层，得到"背景副本"图层，如图 2-2 所示。选择"背景副本"图层，单击度量工具 ，在图像中对应该为水平的景物建立度量线，如图 2-3 所示。

图2-2

图2-3

4

03 选择"背景副本"图层，执行"图像 > 旋转画布 > 任意角度"命令，在弹出的"旋转画布"对话框中保持默认设置，如图2-4所示，单击"确定"按钮，效果如图2-5所示。

图2-4

图2-5

04 单击裁剪工具 ☐，参考图 2-6 所示裁剪掉图像多余的部分，按下 Enter 键确定，效果如图 2-7 所示。至此，本实例制作完成。

图2-6

图2-7

技巧提示：

在 Photoshop 中，按下 C 键显示裁剪工具，在图像上单击并拖动来选择要裁剪的部分，显示出裁剪区域后，可适当调整，最后按下 Enter 键确定。

调整裁剪框时，可同时按住 Ctrl 键进行精确裁剪。

读书笔记

003 为照片添加边框

Before

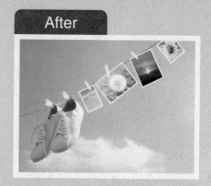
After

本例中原照片的静物孤立没有主题，可以通过添加照片及添加照片边框的方式来美化整体图像，使其主题鲜明。在实际应用中需要说明的是，在对图层样式的运用上应注意其效果。

 主要使用功能： 自由变换命令、图层样式、移动工具等。

 最终文件路径： Chapter 1\03为照片添加边框\Complete\为照片添加边框.psd。

拍摄技巧：

对于长方形的构图，一般可以按照一定比例把画面纵向分成三块，横向分成三块，交叉的四点就是画面的结构中心。在拍摄时，最好将被摄物置于结构中心，以免出现重心偏移的现象。

01 执行"文件 > 打开"命令，在弹出的对话框中，选择本书配套光盘中 Chapter1\03 为照片添加边框 \Media\001.jpg、002.jpg 文件，单击"打开"按钮打开素材文件，如图 3-1、图 3-2 所示。

图3-1

图3-2

02 单击移动工具 ，将文件 002 拖移到文件 001 中，此时"图层"面板如图 3-3 所示，然后按下快捷键 Ctrl+T，对图像进行自由变换，旋转并缩小图像，按下 Enter 键确定后，效果如图 3-4 所示。

图3-3

图3-4

03 选择"图层 1"单击"添加图层样式"按钮 <i>fx.</i>，如图 3-5 所示，在弹出的快捷菜单中选择"描边"命令，然后在弹出的"图层样式"对话框中设置各项参数，将颜色设置为白色，如图 3-6 所示，完成后单击"确定"按钮，效果如图 3-7 所示。执行"文件 > 打开"命令，在弹出的对话框中，选择本书配套光盘中 Chapter1\03 为照片添加边框 \Media\ 夹子 .psd 文件，单击"打开"按钮打开素材文件，如图 3-8 所示。

图3-5

图3-6

图3-7

图3-8

04 单击移动工具 <i>▶+</i>，将文件"夹子"拖移到文件 001 中，此时的"图层"面板如图 3-9 所示，按下快捷键 Ctrl+T，对图像进行自由变换并调整到合适的位置，按下 Enter 键确定后，效果如图 3-10 所示。

图3-9

图3-10

05 执行"文件 > 打开"命令，在弹出的对话框中，选择本书配套光盘中 Chapter1\03 为照片添加边框 \Media\003.jpg、004.jpg、005.jpg 文件，单击"确定"按钮打开素材文件。单击移动工具 <i>▶+</i>，分别将素材文件拖移到文件 001 中，如图 3-11 所示，并分别调整图像的角度和大小，效果如图 3-12 所示。

技巧提示：

按下快捷键 Ctrl+O，弹出"打开"对话框，用于打开指定的文件。在"文件类型"中进行选择，可以打开 Photoshop 格式（psd）、电子文档格式（pdf）等多种类型格式的文档。

图3-11

图3-12

06 选择"图层 1"，右击后在弹出的快捷菜单中选择"拷贝图层样式"命令，然后分别选择"图层 3"、"图层 4"、"图层 5"右击后在弹出的快捷菜单中选择"粘贴图层样式"命令，效果如图 3-13 所示。选择"图层 2"并复制，并将副本放置于"图层 3"的上层，如图 3-14 所示，按下快捷键 Ctrl+T，对图像进行自由变换，调整大小并放置到合适的位置，确定后效果如图 3-15所示。

图3-13

图3-14

图3-15

07 使用相同的方法复制"图层 2"并将其分别放于"图层 4"、"图层 5"的上层，如图 3-16 所示，对其调整大小和方向后效果如图 3-17 所示。至此，本实例制作完成。

图3-16

图3-17

004 校正建筑物的透视变形

视频文件：Chapter1\04校正建筑物的透视变形.exe

Before

After

　　本例原照片中的电话亭由于拍摄角度不正，显得岌岌可危。可以通过旋转画布，以及剪裁工具的使用进行调节。在实际应用中需要注意旋转角度的参数设置。

主要使用功能： 旋转画布命令、裁剪工具、色相/饱和度命令。

最终文件路径： Chapter1\04校正建筑物的透视变形\Complete\校正建筑物的透视变形.psd。

拍摄技巧：

为了避免拍摄出变形的照片，可以在拍摄前调整相机的位置和角度，最好使景物和相机的视角在同一水平线上。

01 执行 "文件 > 打开" 命令，打开本书配套光盘中 Chapter 1\04校正建筑物的透视变形 \Media\001.jpg 文件，如图 4-1 所示。复制 "背景" 图层，选择 "背景副本" 图层，执行 "图像 > 旋转画布 > 任意角度" 命令来调整角度，效果如图 4-2 所示。

图4-1

图4-2

02 单击裁剪工具，调整需要的图像，将多余的地方剪切掉，效果如图 4-3 所示。单击 "创建新的填充或调整图层" 按钮，在弹出菜单中选择 "色相 / 饱和度" 命令，适当调整照片的颜色，效果如图 4-4 所示。至此，本实例制作完成。

技巧提示：

使用裁剪工具的时候应注意需要剪裁的位置，尽量多保留照片内容。

图4-3

图4-4

005 去除照片上的日期

Before

After

　　本例中原照片的图像上印有日期，影响了照片的整体效果，可以去除照片上的日期来完善照片的整体效果。在实际应用中需要说明的是，在涂抹图像的时候，一定要注意照片原有色彩的完整性，以免影响照片的视觉效果。

主要使用功能：仿制图章工具、裁剪工具等。

最终文件路径：Chapter1\05去除照片上的日期\Complete\去除照片上的日期.psd。

拍摄技巧：

现在的拍摄器械都具有显示日期的功能，但有时日期的显示会影响到照片的整体效果。所以在拍摄时，应注意对相机功能进行设置，取消日期的显示。

技巧提示：

复制图层有如下方法：

（1）执行"图层＞复制图层"命令，在弹出的对话框中输入新的名称，完成后单击"确定"按钮得到新命名的图层。

（2）将图层拖移到"图层"面板上的"创建新图层"按钮 上，可得到图层副本。

01 执行"文件＞打开"命令，在弹出的对话框中，选择本书配套光盘中Chapter1\05去除照片上的日期\Media\001.jpg 文件，单击"打开"按钮打开素材文件，如图 5-1 所示。将"背景"图层拖移至"创建新图层"按钮 上，复制"背景"图层，得到"背景副本"图层，如图 5-2 所示。选择"背景副本"图层，单击仿制图章工具 ，在日期的周围按住 Alt 键的同时单击吸取干净的颜色，松开 Alt 键后在日期上涂抹，如图 5-3 所示。

图5-1

图5-2

图5-3

02 反复进行操作后，效果如图 5-4 所示。由于整个构图偏长，而且右下角有人物的衣角，影响了整体效果。单击裁剪工具 适当裁切图像，如图 5-5 所示。继续使用仿制图章工具 ，修饰右下角的衣角，最终效果如图 5-6 所示。至此，本实例制作完成。

图5-4

图5-5

图5-6

006 纠正半身人物照片的构图

视频文件：Chapter1\06纠正半身人物照片的构图.exe

Before

After

　　本例中原照片的人物偏下，使照片整体感觉下沉，并且背景中多余的人物也影响了照片效果，不能充分体现人物的美观，需要通过处理调整照片的重心。在实际操作中需要注意裁剪的位置。

主要使用功能： 钢笔工具、裁剪工具等。

最终文件路径： Chapter1\06纠正半身人物照片的构图 \Complete\纠正半身人物照片的构图.psd。

拍摄技巧：

拍摄时候注意拍摄的角度，既想拍摄景物又想兼顾人物的时候，可让人物往后站以接近景物。

01 执行"文件 > 打开"命令，打开本书配套光盘中 Chapter1\06纠正半身人物照片的构图 \Media\001.jpg 文件，如图 6-1 所示。复制"背景"图层，得到"背景副本"图层，选择"背景副本"图层，单击仿制图章工具，删除背景中多余人物，效果如图 6-2 所示。

图6-1

图6-2

技巧提示：

使用裁剪工具的时候注意配合人物，根据所需整体效果决定剪裁图像的多少。

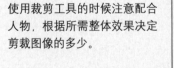

02 新建"图层 1"单击钢笔工具，沿着人物绘制路径再按下快捷键 Ctrl+Enter 将路径转换为选区。单击移动工具，向上拖动选区图像，如图 6-3 所示，最后按下 Ctrl+D 取消选区。最后单击裁剪工具，删掉多余部分，效果如图 6-4 所示。至此，本实例制作完成。

图6-3

图6-4

007 纠正城市风光照片的构图

Before

After

　　本例中原照片的构图重心偏移，不能够完美地体现照片中的景物，可通过对其进行裁剪，更改照片的构图，使照片达到最佳效果。在实际应用中需要说明的是，裁剪时应注意裁剪的位置。

 主要使用功能：裁剪工具、色阶命令、色相/饱和度命令等。

 最终文件路径：Chapter1\07 纠正城市风光照片的构图\Complete\纠正城市风光照片的构图.psd。

拍摄技巧：

拍摄时，景物的构图是有一定规律的。就照片的重心来讲，

（1）处于引人注目位置的景物重，反之则轻；

（2）有生命的景物重，无生命的景物轻；

（3）人造物（车、船）重，自然景物轻；

（4）动的景物重，静止的景物轻；

（5）深色影调比浅色影调重，浅色影调比深色影调轻；高调照片中黑色重；小面积的黑色比大面积的白色重；

（6）暖色重，冷色轻；纯度高的重，纯度低的轻；

（7）轮廓清晰的重，轮廓模糊的轻；

（8）近景重，远景轻。

根据上述规律，在取景时注意选择或等待，以避免出现画面不均衡的现象。

01 执行“文件 > 打开”命令，在弹出的对话框中，选择本书配套光盘中 Chapter1\07 纠正城市风光照片的构图 \Media\001.jpg 文件，单击“打开”按钮打开素材文件，如图 7-1 所示。单击裁剪工具 ，如图 7-2 所示裁剪掉图像多余的部分，按下 Enter 键确定后，效果如图 7-3 所示。将“背景”图层拖移至“创建新图层”按钮 上，复制“背景”图层，得到“背景副本”图层，“图层”面板如图 7-4 所示。

图7-1

图7-2

图7-3

图7-4

技巧提示：

执行色阶命令的方法有如下3种：

(1)执行"图像 > 调整 > 色阶"命令，在弹出的对话框中设置各项参数，完成后单击"确定"按钮。

(2)按下快捷键 Ctrl+ L，在弹出的"色阶"对话框中设置各项参数，完成后单击"确定"按钮。

(3)如之前曾设置过色阶，可按下快捷键 Ctrl+ Alt+L，重复上次的操作并弹出上次调整的"色阶"对话框，可再次设置各项参数。

02 选择"背景副本"图层，执行"图像 > 调整 > 色阶"命令，在弹出的对话框中设置各项参数，如图 7-5 所示，完成后单击"确定"按钮，效果如图 7-6 所示。

图7-5

图7-6

03 继续选择"背景副本"图层，执行"图像 > 调整 > 色相 / 饱和度"命令，在弹出的对话框中将"饱和度"设置为 +40，如图 7-7 所示，完成后单击"确定"按钮，效果如图 7-8 所示。至此，本实例制作完成。

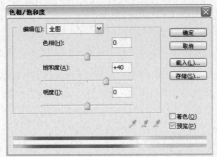
图7-7

图7-8

读书笔记

008 突出照片中过小的人物

Before

After

本例中原照片的人物过小，并且看不清楚，直接影响了照片的效果。需要裁剪掉照片中过多的景物，来突出照片中的人物。在实际应用中需要注意人物的构图，以免影响照片的视觉效果。

主要使用功能： 裁剪工具。

最终文件路径： Chapter1\08突出照片中过小的人物\Complete\突出照片中过小的人物.psd。

拍摄技巧：

拍摄时，人物和景物彼此要配合、照顾。人物与背景之间彼此要有内在的联系，形体上要相呼应。拍摄人物照时，应突出的是人物部分，人物与背景应相均衡，如果背景留得过多，就会使照片中人物过小。

技巧提示：

使用裁剪工具时，在照片中可以通过鼠标的移动来扩大和缩小需要裁剪的范围，可以对照片中不需要的部分随意进行裁剪，操作非常方便。

01 执行"文件 > 打开"命令，在弹出的对话框中，选择本书配套光盘中 Chapter1\08突出照片中过小的人物 \Media\001.jpg 文件，单击"打开"按钮打开素材文件，如图 8-1 所示。

图8-1

02 单击裁剪工具 ，如图 8-2 所示裁剪掉图像多余的部分，按下 Enter 键确定后，效果如图 8-3 所示。至此，本实例制作完成。

图8-2

图8-3

009 清晰焦点模糊的照片

Before

After

　　本例中原照片的人物和背景没有中心点，焦点模糊，导致照片整体不清晰，可以采用清晰焦点的方式来突出照片的中心人物。在实际应用中需要注意图层样式的利用，以达到最佳的效果。

主要使用功能： 高反差保留命令、去色命令、图层蒙版、混合模式等。

最终文件路径： Chapter 1\09清晰焦点模糊的照片\Complete\清晰焦点模糊的照片.psd。

拍摄技巧：

拍摄人物肖像时，镜头的焦距最好长于标准镜头。以80mm～105mm为最好。使用这类中等焦距镜头的好处有：

（1）影像畸变小，特别是在拍摄距离较近的人物时；

（2）景深小，有利于突出主体人物，虚化背景；

（3）视角小，能远距离摄取人物的较大的影像而又不打扰被摄对象。

技巧提示：

按下快捷键Shift+Ctrl+U，可将图像的彩色模式（RGB、CMYK）去除，图像的饱和度变为0，图像会调整为类似灰度模式的黑白状态。用此方法也可以制作怀旧的黑白照片。

01 执行"文件 > 打开"命令，在弹出的对话框中，选择本书配套光盘中Chapter1\09 清晰焦点模糊的照片 \Media\001.jpg 文件，单击"打开"按钮打开素材文件，如图9-1所示。

图9-1

02 将"背景"图层拖移至"创建新图层"按钮 ▣ 上，复制"背景"图层，得到"背景副本"图层，如图 9-2 所示。对其执行"图像 > 调整 > 去色"命令，效果如图 9-3 所示。

图9-2

图9-3

技巧提示：

在"高反差保留"的对话框中，"半径"主要用于设置高反差保留的应用范围，可以在指定的半径像素内保留边缘细节，同时也可忽略图像颜色的细节。

03 选择"背景副本"图层，执行"滤镜 > 其他 > 高反差保留"命令，在弹出的"高反差保留"对话框中将"半径"设置为 13 像素，如图 9-4 所示，完成后单击"确定"按钮，如图 9-5 所示。

图9-4

图9-5

04 选择"背景副本"图层，并单击"图层"面板上的"添加图层蒙版"按钮，按下 D 键恢复前景色和背景色的默认状态，单击画笔工具，在蒙版上涂抹出人物轮廓以外的背景，此时，"图层"面板如图 9-6 所示，效果如图 9-7 所示。

图9-6

图9-7

05 选择"背景副本"图层，设置混合模式为"叠加"，如图 9-8 所示，效果如图 9-9 所示。

图9-8

图9-9

06 复制"背景副本"图层得到"背景副本 2"图层，设置"不透明度"为 30%，如图 9-10 所示，效果如图 9-11 所示。至此，本实例制作完成。

技巧提示：

在"图层"面板中可以设置图层的混合模式、不透明度、填充等属性，还可以锁定图层。

图层的不透明度主要是设置图层所需图像的透明度。

图9-10

图9-11

Chapter

02

数码照片的基本修饰技术

本章主要介绍数码照片的多种修饰技术。在拍摄照片的时候，常常会因为取景或者拍摄技术的限制，导致拍摄出的照片出现一些瑕疵，影响照片的效果。通过本章的学习和对一些工具的应用，可以深刻体会Photoshop的修饰技术，对图像的缺陷处理有较好的认识，在以后的实际操作中，让您的照片不再留有遗憾。

010 去除照片中的噪点

Before

After

本例中原照片由于拍摄时光线偏暗，使人物图像产生噪点，可以去除照片的噪点来改变照片，增强照片中人物的清晰度。在实际应用中需要说明的是，可反复使用去斑命令来去除照片的杂点，使其效果达到最佳。

主要使用功能： 去斑命令、USM锐化命令、色阶命令、羽化命令、可选颜色命令等。

最终文件路径： Chapter 2\10去除照片中的噪点\Complete\去除照片中的噪点.psd。

拍摄技巧：

在拍摄时，尤其在光线越暗的环境中使用高 ISO 拍摄的照片，越容易产生噪点。在拍摄时应注意光线的选择和 ISO 的设置。

01 执行"文件 > 打开"命令，在弹出的对话框中，选择本书配套光盘中 Chapter2\10去除照片的噪点 \Media\001.jpg 文件，单击"打开"按钮打开素材文件，如图 10-1 所示。将"背景"图层拖移至"创建新图层"按钮 上，复制"背景"图层，得到"背景副本"图层，如图 10-2 所示。

图10-1

图10-2

技巧提示：

去斑命令主要用于去除较小的杂色，并可以保留图像边缘，只轻微地模糊图像，同时保留原来图像的细节。

02 选择"背景副本"图层，执行"滤镜 > 杂色 > 去斑"命令三次，去除照片中的杂点，效果如图 10-3 所示。选择"背景副本"图层，单击快速选择工具 ，选取人物的轮廓，如图 10-4 所示。

技巧提示：

使用快速选择工具时，按住 Alt 键的同时单击已选择的区域，可减去想减去的选区。

图10-3

图10-4

技巧提示：

USM 锐化命令主要用于调整图像边缘细节的对比度，但不要过度运用，以免造成图像失真。

03 按下快捷键 Ctrl+Alt+D，在弹出的"羽化"对话框中将"羽化半径"设置为 5 像素，如图 10-5 所示，完成后单击"确定"按钮。选择"背景副本"图层，执行"滤镜 > 锐化 >USM 锐化"命令，在弹出的对话框中设置各项参数增加人物的清晰度，如图 10-6 所示，完成后单击"确定"按钮。按下快捷键 Ctrl+D 取消选区，效果如图 10-7 所示。

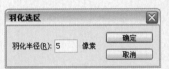

图10-5　　　　　　图10-6　　　　　　图10-7

04 选择"背景副本"图层，执行"图像 > 调整 > 色阶"命令，在弹出的对话框中设置各项参数来提亮图像，如图 10-8 所示，完成后单击"确定"按钮，效果如图 10-9 所示。

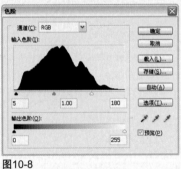

图10-8　　　　　　　　　　图10-9

05 选择"背景副本"图层，执行"图像 > 调整 > 可选颜色"命令，在弹出的对话框中设置各项参数减弱人物脸部的红色，如图 10-10 所示，完成后单击"确定"按钮，效果如图 10-11 所示。至此，本实例制作完成。

图10-10　　　　　　　　　图10-11

011 去除照片中的紫边

Before

After

　　本例原照片中的景物由于互相堆叠的原因，景物的边缘产生了紫边，影响了照片的美观，需要通过去除紫边来完善照片的效果。在实际应用中需要说明的是，在调整图像的时候，一定要注意色相/饱和度的调整，以免影响照片的视觉效果。

主要使用功能：色阶命令、画笔工具、可选颜色命令、色相/饱和度命令等。

最终文件路径：Chapter 2\11去除照片中的紫边\Complete\去除照片中的紫边.psd。

拍摄技巧：

　　紫边是由于数码相机在拍摄高反差、强逆光的静物时，静物边缘产生的光学衍射，以及CCD在色彩插值计算时的固有缺陷而造成的。紫边经常出现在使用单CCD的数码相机上。

技巧提示：

　　在"色阶"对话框中调整色阶值的方法有主要有以下几种：

　　(1) 在3个数值框中准确输入色阶值。

　　(2) 通过拖动数值框上方的滑块来控制色阶值，这个方法适合边观察效果边设置。

　　(3) 在"输出色阶"值的数值框中输入数值或拖动滑块进行调整。

01 执行"文件 > 打开"命令，在弹出的对话框中，选择本书配套光盘中Chapter2\11去除照片中的紫边 \Media\001.jpg 文件，单击"打开"按钮打开素材文件，如图 11-1 所示。将"背景"图层拖移至"创建新图层"按钮上，复制"背景"图层，得到"背景副本"图层，如图 11-2 所示。

图11-1

图11-2

02 选择"背景副本"图层，执行"图像 > 调整 > 色阶"命令，在弹出的对话框中设置各项参数增加选区的亮度，如图 11-3 所示，单击"确定"按钮后的效果如图 11-4 所示。

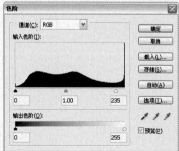

图11-3

图11-4

技巧提示：

在英文输入法的状态，按下键盘中的 [键和] 键可以调整画笔的大小。

技巧提示：

可选颜色命令主要是在图像中选择特定的颜色进行调整，可以帮助我们比较准确地调整图像中某个颜色值，避免造成图像整体颜色的变化。也可用于调整多个颜色并相互混合。可选颜色命令具有很强的针对性。

03 选择"背景副本"图层，单击画笔工具 ✐，将前景色设置为白色，涂抹掉没有紫边的树，如图 11-5 所示，反复进行相同的操作后，效果如图 11-6 所示。

图11-5　　　　　　　　　图11-6

04 选择"背景副本"图层，单击"图层"面板上的"创建新的填充或调整图层"按钮 ●.，在下拉菜单中选择"可选颜色"命令，并在弹出的对话框中设置"红色"的各项参数，如图 11-7 所示，完成后单击"确定"按钮，效果如图 11-8 所示。

图11-7　　　　　　　　　图11-8

05 双击"选取颜色 1"图层的图层缩览图，在弹出的对话框中设置"黄色"的各项参数，如图 11-9 所示，完成后单击"确定"按钮，效果如图 11-10 所示。

图11-9　　　　　　　　　图11-10

06 单击"图层"面板上的"创建新的填充或调整图层"按钮 ●.，在下拉菜单中选择"色相／饱和度"命令，在弹出的对话框的"编辑"下拉列表中选择"黄色"选项并将"饱和度"设置为 -60，如图 11-11 所示，单击"确定"按钮，效果如图 11-12 所示。

图11-11　　　　　　　　　图11-12

07 双击"色相／饱和度1"图层的图层缩览图,在弹出的对话框的"编辑"下拉列表中选择"蓝色"选项并将"饱和度"设置为-100,如图11-13所示,完成后单击"确定"按钮,效果如图11-14所示。

图11-13

图11-14

08 再次双击"色相／饱和度1"图层的图层缩览图,在弹出对话框中的"编辑"下拉列表中选择"洋红"选项并将"饱和度"设置为-80,如图11-15所示,完成后单击"确定"按钮,效果如图11-16所示。

图11-15

图11-16

09 分别单击"选取颜色1"图层和"背景副本"图层前的"指示图层可视性"按钮,隐藏这两个图层,如图11-17所示,效果如图11-18所示,可以看到紫边已经去除。

图11-17

图11-18

10 单击"图层"面板上的"创建新的填充或调整图层"按钮,在下拉菜单中选择"色相／饱和度"命令,在弹出的对话框中将"饱和度"设置为+40,如图11-19所示,单击"确定"按钮,效果如图11-20所示。至此,本实例制作完成。

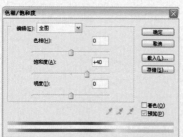

图11-19

图11-20

技巧提示:

色相／饱和度命令可以改变图像的色相、饱和度及明度,一般用来增强照片的鲜艳度,操作简单并且容易控制,但不足之处是不能维持图像的对比度。

执行色相／饱和度命令有如下方法:

(1) 执行"图像＞调整＞色相／饱和度"命令,在弹出的对话框中设置各项参数,完成后单击"确定"按钮。

(2) 按下快捷键Ctrl+U,在弹出的"色相／饱和度"对话框中设置各项参数,完成后单击"确定"按钮。

012 删除照片中多余的景物

Before

After

　　本例原照片的人物头部的左侧有一块木牌，影响了照片的整体效果。可以利用工具删除照片中多余的木牌，完善照片的效果。在实际应用中需要说明的是，在涂抹多余景物时，应注意与照片背景的融合，以免影响照片的视觉效果。

主要使用功能： 套索工具、自由变换命令、仿制图章工具、色阶命令等。

最终文件路径： Chapter 2\12删除照片中多余的景物\Complete\删除照片中多余的景物.psd。

拍摄技巧：

摄影构图的要求是简洁、完整、生动和稳定。在拍摄选景时，应注意这几个方面，避免人物后面有电线杆、垃圾桶之类的多余景物，使原本可以完美的照片多了一丝遗憾。所以在拍摄的时候，取景和构图是非常重要的。

01 执行"文件 > 打开"命令，在弹出的对话框中，选择本书配套光盘中Chapter2\12删除照片中多余的景物\Media\001.jpg文件，单击"打开"按钮打开素材文件，如图12-1所示。将"背景"图层拖移至"创建新图层"按钮 🖻 上，复制"背景"图层，得到"背景副本"图层，如图12-2所示。

图12-1

图12-2

技巧提示：

要保存选区可以按下快捷键Ctrl+J，将选区内的图像复制到新的图层中。如果没有选区，则会复制当前选择的图层，并保存在新图层中。

02 选择"背景副本"图层，单击多边形套索工具 ▣，在完整的树干上建立选区，如图12-3所示，按下快捷键Ctrl+J复制选区，得到"图层1"，如图12-4所示。

图12-3

图12-4

03 选择"图层1",单击移动工具 ，将图像移动到多余的木板上,如图 12-5 所示,执行"编辑 > 自由变换"命令,对图像进行自由变换并将其调整到合适的位置,如图 12-6 所示。

图12-5 图12-6

04 复制"图层1",并选择"图层副本",如图 12-7 所示,执行"编辑 > 自由变换"命令,对图像进行自由变换并将其调整到合适的位置,如图 12-8 所示。

图12-7 图12-8

05 选择"图层1副本",连续两次按下快捷键 Ctrl+E 合并图层,图层效果如图 12-9 所示,单击多边形套索工具 ,在树干左边多余的景物上建立选区,如图 12-10 所示。

技巧提示：

合并图层的方法如下:

(1) 如果合并的图层较多,可多次按下快捷键 Ctrl+E 合并图层。

(2) 按住 Ctrl 键选择需要合并的图层,再按下快捷键 Ctrl+E 一次性合并所选图层。

(3) 按下快捷键 Ctrl+Shift+E,可一次性合并所有可见图层。

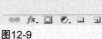

图12-9 图12-10

06 选择"背景副本"图层,单击仿制图章工具 ,按住 Alt 键的同时在选区周围的背景上单击来吸取颜色,然后松开 Alt 键,在选区内进行涂抹,如图 12-11 所示,反复进行相同的操作,执行"选择 > 取消选区"命令,效果如图 12-12 所示。

图12-11 图12-12

07 继续选择"背景副本"图层，单击多边形套索工具，在树干右边多余的景物上建立选区，如图 12-13 所示。再单击仿制图章工具，按住 Alt 键的同时在选区周围的背景上单击来吸取颜色，并在选区内进行涂抹，反复进行相同的操作，最后执行"选择 > 取消选区"命令，效果如图 12-14 所示。

图12-13　　　　　　　　　　图12-14

08 从照片上可以看出，选区的边缘和背景的衔接有些生硬，影响了照片的自然效果，需要进行处理。选择"背景副本"图层，单击仿制图章工具，按住 Alt 键的同时在背景的绿树叶上单击吸取颜色，然后松开 Alt 键在选区内进行涂抹，如图 12-15 所示，反复进行相同的操作，效果如图 12-16 所示。

图12-15　　　　　　　　　　图12-16

09 选择"背景副本"图层，执行"图像 > 调整 > 色阶"命令，在弹出的对话框中设置各项参数增加照片的亮度，如图 12-17 所示，完成后单击"确定"按钮，效果如图 12-18 所示。至此，本实例制作完成。

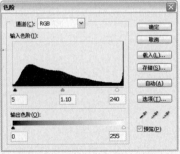

图12-17　　　　　　　　　　图12-18

013 虚化处理照片的背景

Before

After

　　本例原照片中的花朵和右边的瓷碗，从视觉上产生了一种粘连效果，影响了花朵的美观，主次不够分明。可以虚化照片的背景来突出花朵。在实际应用中需要说明的是，为了达到更好的视觉效果，在调整瓷碗时要注意亮度的调节。

主要使用功能： 快速蒙版编辑模式、高斯模糊命令、曲线命令、色阶命令等。

最终文件路径： Chapter 2\13虚化处理照片的背景\Complete\虚化处理照片的背景.psd。

拍摄技巧：

拍摄此类近景照片时，尽量将景深调到最小，焦点集中在主体物上。想要将景深调小的话，应该尽量靠近被摄物体，并将光圈设定为最大，焦距设定为最远。

01 执行"文件 > 打开"命令，在弹出的对话框中，选择本书配套光盘中 Chapter2\13虚化处理照片的背景 \Media\001.jpg 文件，单击"打开"按钮打开素材文件，如图 13-1 所示。将"背景"图层拖移至"创建新图层"按钮 🔲 上，复制"背景"图层，得到"背景副本"图层，如图 13-2 所示。

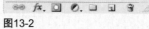

图13-1　　　　　　　　　图13-2

技巧提示：

在使用快速蒙版模式来创建选区时，画笔的控制是一个比较关键的因素，灵活地控制好画笔的大小，有助于我们准确地对图像进行涂抹，以便准确地创建选区。

02 单击工具箱中的"以快速蒙版模式编辑"按钮 🔲，单击画笔工具 ✐，按下 D 键恢复前景色和背景色的默认设置，在照片上将花朵及茎叶涂抹出来，如图 13-3 所示，完成后单击"以标准模式编辑"按钮 🔲，得到新的选区，如图 13-4 所示。

图13-3　　　　　　　　　图13-4

03 按下快捷键 Ctrl+Shift+I 反选选区，如图 13-5 所示，再按下快捷键 Ctrl+J 复制选区，得到“图层 1”，图层效果如图 13-6 所示。

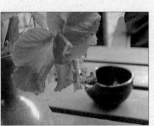

图13-5

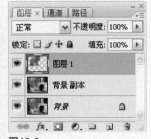

图13-6

04 选择“背景副本”图层，执行“滤镜 > 模糊 > 高斯模糊”命令，在弹出的对话框中将“半径”设置为 50 像素，如图 13-7 所示，完成后单击“确定”按钮，效果如图 13-8 所示。

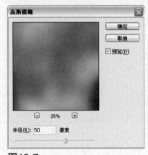

图13-7

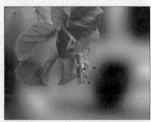

图13-8

技巧提示：

高斯模糊滤镜主要是利用高斯曲线的分布，来对图像进行均匀的、可控制的模糊，类似于拍摄中焦距不准的效果。

05 选择“背景副本”图层，执行“图像 > 调整 > 曲线”命令，在弹出的对话框中设置各项参数增加背景的暗度，如图 13-9 所示，完成后单击“确定”按钮，效果如图 13-10 所示。

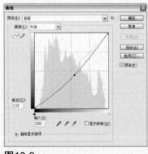

图13-9

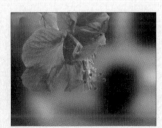

图13-10

技巧提示：

曲线命令主要是对图像上指定色阶值的调整，主要调整照片的高光和阴影的范围。调整的幅度是 0 ~ 255，比颜色调整更为精确。

按下快捷键 Ctrl+M，即可弹出“曲线”对话框。

06 选择“背景副本”图层，单击套索工具，在背景右下部分的黑色圆形上创建选区，如图 13-11 所示，执行“选择 > 修改 > 羽化”命令，在弹出的对话框中将“羽化半径”设置为 45 像素，如图 13-12 所示，完成后单击“确定”按钮。

图13-11

图13-12

技巧提示：

套索工具主要用来选取需要调整的图像，可以一次性地指定选区，但是不能够精确选取图像。在选取的过程中会产生自由选区，选取的起点和终点可以自动闭合形成选区。

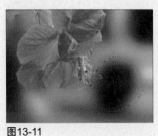

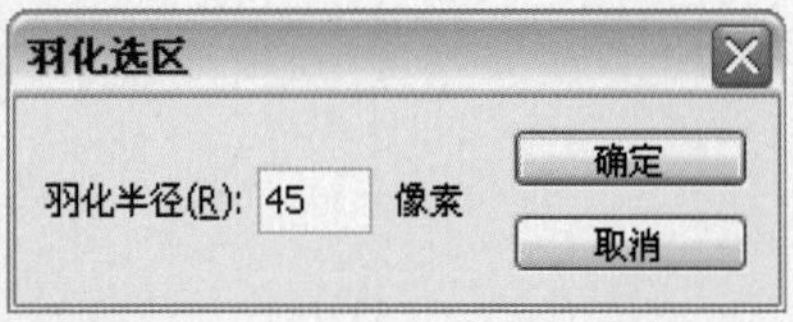

07 继续选择"背景副本"图层，执行"图像 > 调整 > 色阶"命令，在弹出的对话框中设置各项参数以提亮选区内的图像，如图 13-13 所示，完成后单击"确定"按钮，再按下 Ctrl+D 取消选区，效果如图 13-14 所示。

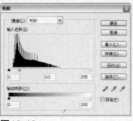

图13-13　　　　　图13-14

08 选择"背景副本"图层，执行"滤镜 > 锐化 >USM 锐化"命令，在弹出的对话框中设置各项参数增加照片的质感，如图 13-15 所示，完成后单击"确定"按钮，效果如图 13-16 所示。

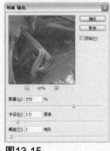

图13-15　　　　　图13-16

09 选择"背景副本"图层，单击橡皮擦工具，在属性栏中设置各项参数，如图 13-17 所示，对花朵的边缘进行涂抹，如图 13-18 所示，反复涂抹后效果如图 13-19 所示。

图13-17

图13-18　　　　　图13-19

10 选择"背景副本"图层，执行"图像 > 调整 > 色彩平衡"命令，在弹出的对话框中调整图像的颜色，如图 13-20 所示，完成后单击"确定"按钮，如图 13-21 所示。至此，本实例制作完成。

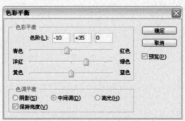

图13-20　　　　　图13-21

技巧提示：

在处理照片的时候，橡皮擦工具主要是去除笔刷内的图像像素，常用于修改照片中的图像。在使用橡皮擦工具擦除图像时，可以适当在属性栏中调整不透明度，使擦除的边缘柔和自然。

014 修饰照片中杂乱的背景

Before

After

本例原照片中人物的背景过于杂乱，使照片缺少了原有的意境。可以替换、修饰杂乱的背景，从而达到视觉上的美感。在实际应用中需要说明的是，替换背景后应注意与照片整体色彩的和谐。

主要使用功能： 钢笔工具、油漆桶工具、渐变工具、混合模式等。

最终文件路径： Chapter 2\14修饰照片中杂乱的背景\Complete\修饰照片中杂乱的背景.psd。

拍摄技巧：

专业摄影师取景时，会考虑造型、表情及背景等各种因素。但一般拍摄者拍摄时，往往考虑不到这些。有时，在拍摄照片时，难免会拍摄到一些杂乱的不需要的景物，在无法避免的情况下，可以使用一些工具进行修正。

技巧提示：

将路径转换为选区还可以在路径区域中单击鼠标右键，在弹出的快捷菜单中选择"建立选区"命令，即可弹出"建立选区"对话框，在对话框中还可以设置选区的羽化值。

01 执行"文件 > 打开"命令，在弹出的对话框中，选择本书配套光盘中Chapter2\14修饰照片中杂乱的背景\Media\001.jpg 文件，单击"打开"按钮打开素材文件，如图 14-1 所示。单击钢笔工具 🖊️，参考图 14-2 所示在照片圆拱桥洞的杂乱背景上创建路径，然后按下快捷键 Ctrl＋Enter 将路径快速转换为选区，如图 14-3 所示。

图14-1

图14-2

图14-3

02 新建"图层 1"，如图 14-4 所示。将前景色设置为白色，并单击油漆桶工具 🪣，在选区内进行颜色填充，然后执行"选择 > 取消选区"命令，效果如图 14-5 所示。

图14-4

图14-5

技巧提示：

"选择全部"命令的快捷键为
Ctrl+A。

"拷贝"命令的快捷键为 Ctrl+
C。

"粘贴"命令的快捷键为 Ctrl+
V。

03 执行"文件 > 打开"命令，在弹出的对话框中，选择本书配套光盘中
Chapter2\14修饰照片中杂乱的背景\Media\002.jpg 文件，单击"打开"按
钮打开素材文件，如图14-6 所示。执行"选择 > 全部"命令，全选照片中
的图像，如图14-7 所示。执行"编辑 > 拷贝"命令，选择素材文件 001 再
执行"编辑 > 粘贴"命令，得到"图层 2"，如图14-8 所示。

图14-6　　　　　　图14-7　　　　　　图14-8

技巧提示：

"创建剪贴蒙版"命令的快捷
键为 Ctrl+Alt+G。

04 选择"图层 2"，按下快捷键 Ctrl+T 对图像进行自由变换，并将其
调整到合适的位置，按下 Enter 键确定，效果如图14-9 所示，再执行
"图层 > 创建剪贴蒙版"命令，效果如图14-10 所示。新建"图层 3"，将
前景色设置为浅褐色（R211、G190、B161），背景色设置为褐色（R125、
G114、B96），单击渐变工具，并在属性栏中单击"线性渐变"按钮，
如图14-11 所示。

图14-9　　　　　　图14-10　　　　　　图14-11

技巧提示：

渐变的效果还根据渐变线的方
向来决定，按住Shift键的同时，
拖动光标，可以绘制出垂直和
水平的渐变效果。

05 然后从左下向右上端拖动光标对图像进行渐变填充，效果如图14-12
所示。选择"图层 3"，设置混合模式为"滤色"，如图14-13 所示，效果如
图14-14 所示。

图14-12　　　　　　图14-13　　　　　　图14-14

06 选择"图层3"，单击"添加图层蒙版"按钮 ，按下D键恢复前景色和背景色的默认设置，单击画笔工具 ，在"图层3"的蒙版上涂抹出部分图像，如图14-15所示，效果如图14-16所示。单击"图层"面板上的"创建新的填充或调整图层"按钮 ，如图14-17所示。

图14-15　　　　　　　　　　　图14-16　　　　　　　　　　　图14-17

07 在下拉菜单中选择"照片滤镜"命令，在弹出的对话框设置各项参数来增加照片的暖色调，如图14-18所示，完成后单击"确定"按钮，效果如图14-19所示。

技巧提示：

照片滤镜命令主要是在图像上设置颜色的滤镜，它只是给照片增加了一种颜色，并不会破坏照片的图像，相反还会保持照片的质量和特征，多用于制作照片的怀旧效果。

可在"照片滤镜"对话框的"滤镜"下拉列表中选择颜色，同时也可以单击"颜色"预览窗口，在弹出的"选择滤镜颜色"对话框中自定义颜色。

图14-18

图14-19

08 单击"图层"面板上的"创建新的填充或调整图层"按钮 ，在下拉菜单中选择"色阶"命令，在弹出的对话框中设置各项参数增加照片的对比度，如图14-20所示，完成后单击"确定"按钮，效果如图14-21所示。至此，本实例制作完成。

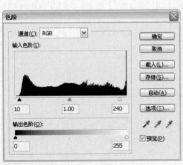

图14-20

图14-21

015 为照片替换单纯的背景

Before

After

本例中原照片的背景杂乱并且色调偏暗。可以整体替换原照片的背景，将其替换为明亮单纯的背景，来烘托照片的气氛，使照片显得更加清新美观。在实际应用中需要说明的是，在拼合图像的时候，一定要注意两张图像之间的结合，不能够出现缝隙或错位的现象，以免影响照片的美观。

 主要使用功能： 图层蒙版、画笔工具、移动工具、色阶命令、快速选择工具、可选颜色命令等。

 最终文件路径： Chapter 2\15为照片替换单纯的背景\Complete\为照片替换单纯的背景.psd。

拍摄技巧：

一般拍摄时，虽不能像专业摄影师一样考虑到各方面的因素，但也应稍微注意一下拍照的环境因素等，尽量选择清新单纯的背景，避开线条复杂繁冗的背景，背景的颜色最好也要单一化，这样拍摄出来照片的整体效果会更好。

技巧提示：

在使用移动工具时，可以利用键盘中的方向键对图形进行微调。按住 Shift 键的同时结合使用键盘中的方向键可实现长距离微调。

单击移动工具，在按住快捷键 Ctrl+Alt 的同时移动图像，可以复制图像，得到原图像图层的副本图层。

选择图像后，按住快捷键 Ctrl+Shift+Alt 不放切换到移动工具，同时用鼠标拖动图像，可以水平、垂直、45°角移动复制图像。

01 执行"文件 > 打开"命令，在弹出的对话框中，选择本书配套光盘中 Chapter2\15为照片替换单纯的背景 \Media\001.jpg、002.jpg 文件，单击"打开"按钮打开素材文件，如图 15-1、图 15-2 所示。

图15-1

图15-2

02 单击移动工具，将素材文件 001 拖至素材文件 002 中，自动生成"图层 1"，此时"图层"面板如图 15-3 所示。按下快捷键 Ctrl+T 进行自由变换，并将其调整到合适的位置，最后按下 Enter 键确定，效果如图 15-4 所示。

图15-3

图15-4

技巧提示：

复制通道，以便我们在复制的通道上进行图像处理，应避免在原图上作调整，从而影响原图像的效果。通道功能比较适合用于抠图和一些创建特殊选区的操作。

03 选择"通道"面板，单击"绿"通道，将"绿"通道拖移至"创建新通道"按钮 ▣ 上，复制"绿"通道，得到"绿副本"通道，如图 15-5 所示。选择"绿副本"通道，按下快捷键 Ctrl+I，进行反相，如图 15-6 所示。

图15-5

图15-6

04 执行"图像 > 调整 > 色阶"命令，在弹出的对话框中设置其参数，如图 15-7 所示。完成后单击"确定"按钮，效果如图 15-8 所示。

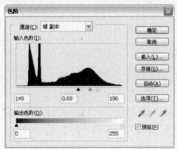

图15-7

图15-8

05 单击画笔工具 ✎，按下 D 键恢复前景色和背景色的默认设置，涂抹人物除头部以外的部分，如图 15-9 所示。

图15-9

06 执行"图像 > 调整 > 色阶"命令，在弹出的对话框中设置其参数，如图 15-10 所示。完成后单击"确定"按钮。效果如图 15-11 所示。

图15-10

图15-11

150

技巧提示：

在通道中，白色部分为需要的选区区域。在此我们将较为复杂的人物头发作为选区。

在通道中反复对图像执行色阶命令进行调整，增强黑白反差度，这样可以获得更多细节，图像也更准确。

07 单击画笔工具 ，按下 D 键恢复前景色和背景色的默认设置，按下 X 键切换前景色与背景色，使用白色涂抹头像部分。如图 15-12 所示。按下 Ctrl 键的同时单击 "绿副本" 的通道缩览图，将图像载入选区。选择 "图层" 面板，单击 "背景" 图层，如图 15-13 所示。

图15-12

图15-13

08 选择 "图层 1"，单击快速选择工具 ，拖选出人物轮廓部分。单击 "添加图层蒙版" 按钮 ，按下 D 键恢复前景色和背景色的默认设置，使用画笔工具，在 "图层 1" 的蒙版上涂抹出除人物以外的背景图像，如图 15-14 所示，效果如图 15-15 所示。

图15-14

图15-15

09 选择 "图层 1"，单击 "图层" 面板上的 "创建新的填充或调整图层" 按钮 ，在下拉菜单中选择 "可选颜色" 命令，在弹出的对话框设置各项参数增加背景照片中花草的绿色调，如图 15-16 所示，完成后单击 "确定" 按钮，效果如图 15-17 所示。至此，本实例制作完成。

图15-16

图15-17

016 模拟风景照片的微距效果

Before

After

　　本例原照片中中心较大的向日葵不够突出，可以通过处理来达到主次分明突出重点的效果。在实际应用中需要说明的是，在处理花朵时候，一定要注意花朵的边缘细节，不能够出现缝隙，以免影响照片的视觉效果。

 主要使用功能： 快速蒙版，高斯模糊命令，USM锐化命令，涂抹工具等。

最终文件路径： Chapter 2\16模拟风景照片的微距效果\Complete\模拟风景照片的微距效果.psd。

拍摄技巧：

拍摄时，拍摄的距离是一个必须考虑的因素。为了突出某一物体，可采用微距效果来进行拍摄。可通过变焦功能调节焦距。以35mm胶卷相机为标准，焦距在70mm以上，可称做长焦距；在50mm以下的，称为广角（短焦距）。

01 执行"文件 > 打开"命令，在弹出的对话框中，选择本书配套光盘中 Chapter2\16模拟风景照片的微距效果 \Media\001.jpg 文件，单击"打开"按钮打开素材文件，如图 16-1 所示。将"背景"图层拖移至"创建新图层"按钮 □ 上，复制"背景"图层，得到"背景副本"图层，如图 16-2 所示。

图16-1

图16-2

02 单击工具箱中的"以快速蒙版模式编辑"按钮 ▣，再使用画笔工具 ✐，按下 D 键恢复前景色和背景色的默认设置，在照片上最大的花朵及其茎叶涂抹出来，如图 16-3 所示，完成后单击"以标准模式编辑"按钮 ▣，得到新的选区，如图 16-4 所示。

图16-3

图16-4

03 按下快捷键 Ctrl+Shift+I 反选选区，如图 16-5 所示，再按下快捷键 Ctrl+J 复制选区，并生成"图层 1"，如图 16-6 所示。

图16-5

图16-6

04 选择"背景副本"图层，执行"滤镜 > 模糊 > 高斯模糊"命令，在弹出的对话框中将"半径"设置为 5.5 像素，如图 16-7 所示，完成后单击"确定"按钮，效果如图 16-8 所示。

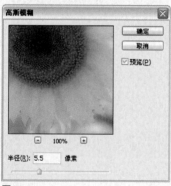
图16-7

图16-8

技巧提示：

使用套索工具可以粗略地创建选区，可以根据手动来自由控制和调节。在图像上建立好选区后，可以随意拖动选区。

按住 Shift 键的同时拖动鼠标可添加选区；按住 Ctrl 键的同时拖动鼠标可从选区减去。如果对照片的局部不满意，可以通过套索工具在照片上建立选区并进行调整。

05 选择"图层 1"，如图 16-9 所示。单击套索工具，在花朵上建立选区，如图 16-10 所示。

图16-9

图16-10

06 选择"图层 1"，执行"图像 > 调整 > 色彩平衡"命令，在弹出的对话框中设置各项参数来调整花朵的色调，如图 16-11 所示，完成后单击"确定"按钮，效果如图 16-12 所示。

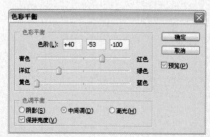
图16-11

图16-12

07 继续选择"图层 1"，执行"滤镜 > 锐化 >USM 锐化"命令，在弹出的对话框中设置各项参数来增加照片的质感，如图 16-13 所示，完成后单击"确定"按钮，效果如图 16-14 所示。最后按下 Ctrl+D 快捷键取消选区。

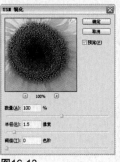

图16-13   图16-14

08 选择"图层 1"，单击涂抹工具，在属性栏中设置各项参数，如图 16-15 所示，对花朵的边缘反复进行涂抹，效果如图 16-16 所示。

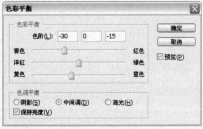

图16-15   图16-16

09 选择"图层 1"，单击套索工具，在花茎上建立选区，执行"图像 > 调整 > 色彩平衡"命令，在弹出的对话框中设置各项参数，如图 16-17 所示，完成后单击"确定"按钮，效果如图 16-18 所示。最后按下 Ctrl+D 快捷键取消选区。

图16-17   图16-18

10 选择"背景副本"图层，执行"图像 > 调整 > 色彩平衡"命令，在弹出的对话框中设置各项参数来增强背景的绿色调，如图 16-19 所示，完成后单击"确定"按钮，效果如图 16-20 所示。至此，本实例制作完成。

图16-19   图16-20

150

017 模拟人物照片的景深效果

Before

After

本例中原照片由于拍摄原因，导致人物和背景从视觉上产生一种在同一水平线上的感觉，没有距离感，无法突出人物。可模拟拍摄的景深效果进行调整，赋予照片空间感。在处理的时候，在注意照片局部的模糊效果的同时也要顾及到整体的效果，以免照片显得生硬脱节。

主要使用功能： 快速选择工具、高斯模糊滤镜、色阶命令、可选颜色命令、色相/饱和度命令等。

最终文件路径： Chapter 2\17模拟人物照片的景深效果\Complete\模拟人物照片的景深效果 .psd。

拍摄技巧：

在与被摄体保持一定距离进行拍摄的时候，光圈越开放，景深越小。想要拍出景深大的风景照的话，一般需要收缩光圈至 F8 以上。

技巧提示：

快速选择工具可以快速地选择色值相近的图像，操作方便简单，在图像调整中应用广泛。

01 执行"文件 > 打开"命令，在弹出的对话框中，选择本书配套光盘中 Chapter2\17 模拟人物照片的景深效果 \Media\001.jpg 文件，单击"打开"按钮打开素材文件，如图 17-1 所示。将"背景"图层拖移至"创建新图层"按钮 上，复制"背景"图层，得到"背景副本"图层，如图 17-2 所示。

图17-1

图17-2

02 选择"背景副本"图层，单击快速选择工具，选取人物轮廓部分，效果如图 17-3 所示。按下快捷键 Ctrl+J 复制选区，生成"图层 1"，如图 17-4 所示。

图17-3

图17-4

03 选择"背景副本"图层,执行"滤镜 > 模糊 > 高斯模糊"命令,在弹出的对话框中将"半径"设置为8像素,如图17-5所示。完成后单击"确定"按钮,效果如图17-6所示。

图17-5   图17-6

04 继续选择"背景副本"图层,单击"添加图层蒙版"按钮 ,按下 D 键恢复前景色和背景色的默认设置,单击画笔工具 ,在属性栏中设置各项参数,如图17-7所示,在"背景副本"的蒙版上随意地擦除人物脚边四周模糊的背景图像,使画面不会显得生硬。此时的"图层"面板如图17-18所示,效果如图17-9所示。

画笔: 50   模式: 正常   不透明度: 50%   流量: 100%

图17-7

图17-8   图17-9

05 选择"图层1",执行"图像 > 调整 > 色阶"命令,在弹出的对话框中设置各项参数增加照片中人物的对比度,如图17-10所示。完成后单击"确定"按钮,效果如图 17-11 所示。

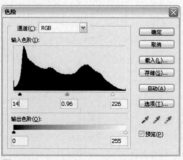

图17-10   图17-11

06 选择"图层1",执行"图像 > 调整 > 可选颜色"命令,在弹出对话框中的"颜色"下拉列表中选择"白色"选项并设置各项参数,如图 17-12 所示,完成后单击"确定"按钮。效果如图17-13所示。

技巧提示:

在对蒙版进行涂抹时,根据情况选择适合的画笔样式很关键。如果需要使图像边缘变柔和,可以选择柔边的画笔样式;如果需要边缘保持明显的分界线,可以选择比较生硬的画笔样式;如果需要绘制一些特殊的蒙版效果,还可以选择特殊的画笔样式。

技巧提示：

在对图像进行颜色调整的时候，颜色的参数设置决定了颜色的色相和饱和度。

图17-12

图17-13

07 选择"背景副本"图层，执行"图像 > 调整 > 色阶"命令，在弹出的对话框中设置各项参数来增加照片背景的对比度，如图 17-14 所示，完成后单击"确定"按钮，效果如图 17-15 所示。

图17-14

图17-15

08 选择"背景副本"图层，执行"图像 > 调整 > 可选颜色"命令，在弹出对话框中的"颜色"下拉列表中选择"中性色"选项并设置各项参数，如图 17-16 所示。完成后单击"确定"按钮，效果如图 17-17 所示。

图17-16

图17-17

09 继续选择"背景副本"图层，执行"图像 > 调整 > 色相 / 饱和度"命令，在弹出对话框中的"编辑"下拉列表中选择"绿色"选项，设置各项参数，如图 17-18 所示，完成后单击"确定"按钮，效果如图 17-19 所示。至此，本实例制作完成。

技巧提示：

在执行"色相 / 饱和度"命令的时候，"饱和度"需要根据图像的效果来适当控制，如果饱和度过高，会使图像的颜色失真。

图17-18

图17-19

018 合成广角全景照片

Before

After

　　本例中原照片由于相机的功能问题，在需要拍摄大场景的风景照片时，无法满足需要，导致照片不够完整。可以通过图像处理的功能来拼合成完整的图像，从而达到理想的效果。在操作中手动拼合照片时，需注意图像之间不能出现缝隙或错位的现象，以免影响照片的美观。

 主要使用功能： 曲线命令、Photomerge命令、裁剪工具等。

 最终文件路径： Chapter 2\18合成广角全景照片\Complete\合成广角全景照片.psd。

拍摄技巧：

要拼合全景图的照片会对最后处理的效果产生重要影响，所以拍摄时应注意以下几点。

（1）一组全景照中相邻的两张照片应尽量保持在同一高度，并且两张照片之间应该有15%~25%的重叠区。

（2）在拍摄时，应使用统一的焦距。

（3）尽量使用有旋转头的三脚架，来保持相机的准直和视点。

（4）在拍摄时不要改变自己的位置，尽量保持相同的位置。

（5）避免使用广角镜头或鱼眼镜头，以免干扰后期拼合。

（6）保持同样的曝光度。

01 执行"文件 > 打开"命令，打开本书配套光盘中 Chapter2\18 合成广角全景照片 \Media\001.jpg、002.jpg、003.jpg 及 004jpg 文件，如图 18-1 所示。

图18-1

02 选择素材文件 001.jpg，执行"图像 > 调整 > 曲线"命令，在弹出的对话框中设置各项参数增加背景的亮度，如图 18-2 所示，完成后单击"确定"按钮，效果如图 18-3 所示。

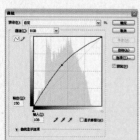
图18-2

图18-3

技巧提示：

调整图像的亮度时还可以采用"匹配色彩"命令来调节比较暗的照片。

执行"图像＞调整＞匹配色彩"命令，在弹出的对话框中的"源"下拉列表中选择希望颜色匹配的照片名。同时设置"图像选项"选项区域中的各项参数，使照片色调更为接近。

03 选择素材文件 004.jpg，执行"图像 > 调整 > 曲线"命令，在弹出的对话框中设置各项参数来增加背景的亮度，如图 18-4 所示，完成后单击"确定"按钮，效果如图 18-5 所示。

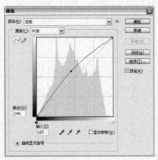 

图18-4　　　　　　　　　图18-5

04 执行"文件 > 自动 >Photomerge"命令，在弹出的对话框中设置各项参数来完成合成广角全景照片。单击"浏览"按钮，选择本书配套光盘中 Chapter2\18 合成广角全景照片 \Media 文件夹，如图 18-6 所示，完成后单击"确定"按钮，效果如图 18-7 所示。

图18-6

图18-7

技巧提示：

使用裁剪工具裁剪图像时，将鼠标光标放在裁剪区域对角的控制手柄上后，按住 Shift 键的同时进行拖动，可等比例缩放裁剪区域。

05 单击裁剪工具，在图像上拖选出裁剪区域，并将其调整到合适大小，如图 18-8 所示，完成后按下 Enter 键确定，效果如图 18-9 所示。至此，本实例制作完成。

图18-8

图18-9

019 去除照片中多余的电线

Before

After

　　本例原照片中的人物后面出现了电线，从视觉上给人造成一种将人物横截的效果，影响画面。可以通过处理去除照片中的电线，修复画面。在修复时一定要注意多吸取周围比较接近的图像来进行修复，这样修复的效果更自然。

 主要使用功能： 套索工具、色阶命令、色相/饱和度命令、色彩平衡命令、羽化命令等。

 最终文件路径： Chapter 2\19去除照片中多余的电线\Complete\去除照片中多余的电线.psd。

拍摄技巧：

在拍摄中，经常会出现人物后面有电线、电线杆等多余景物的现象，有时候这种景色不是人为能控制的，无论从哪个角度进行拍摄，始终会出现一些不需要的景物。所以，除了通过调整相机角度和有计划的取景外，使用 Photoshop 进行后期处理，也是一个不错的方法。

01 执行"文件 > 打开"命令，在弹出的对话框中，选择本书配套光盘中 Chapter2\19去除照片中多余的电线 \Media\001. jpg 文件，单击"打开"按钮打开素材文件，如图 19-1 所示。将"背景"图层拖移至"创建新图层"按钮 上，复制"背景"图层，得到"背景副本"图层。如图 19-2 所示。

图19-1

图19-2

02 由于照片是逆光状态下拍摄的，造成颜色过暗，因此首先先对照片进行色彩调整。选择"背景副本"图层，执行"图像 > 调整 > 色阶"命令，在弹出的对话框中设置各项参数，如图 19-3 所示。完成后单击"确定"按钮，效果如图 19-4 所示。

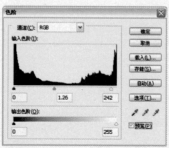
图19-3

图19-4

03 整体调亮以后，再调整天空的颜色。首先使用套索工具，圈选天空区域，如图 19-5 所示。

图19-5

04 单击"图层"面板中的"创建新的填充或调整图层"按钮 ，在下拉菜单中选择"色相／饱和度"命令，并在弹出对话框的"编辑"下拉列表中选择"蓝色"选项，适当调整参数，如图 19-6 所示。完成后按下快捷键 Ctrl+D 取消选区，效果如图 19-7 所示。

图19-6   图19-7

05 再使用上面相同的方法，调整山的颜色。使用套索工具 ，圈选山区域，如图 19-8 所示。然后按下快捷键 Ctrl+Alt+D，在弹出的"羽化选区"对话框中设置"羽化半径"为 5 像素，如图 19-9 所示。完成后单击"确定"按钮。

图19-8   图19-9

06 单击"图层"面板中的"创建新的填充或调整图层"按钮，在下拉菜单中选择"色彩平衡"命令，并在弹出的对话框中进行设置来调整选区颜色，如图 19-10 所示。完成后按下 Ctrl+D 快捷键取消选区，效果如图 19-11 所示。

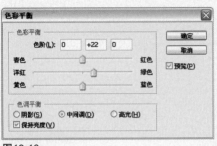

图19-10

图19-11

07 使用快速选择工具对人物进行选取建立选区，然后羽化选区，并设置"羽化半径"为 5 像素，最后对人物图像应用"色阶"调整图层命令，参数设置如图 19-12 所示，调整效果如图 19-13 所示。

技巧提示：

在调整颜色时，羽化功能是一个很适合的功能，它能模糊边缘过渡区域，但又不会使图像产生生硬的效果。但是需要注意的是羽化的半径值需要根据图像的实际情况来决定。在调试中可以多次进行尝试。

下图中人物的边缘羽化值为 5 像素时，效果较自然，如果过大，边缘太明显反而不自然。

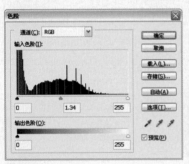

图19-12

图19-13

羽化半径为5像素时的调整效果

08 再使用同样的方法对石栏进行调整。使用快速选择工具，对石栏建立选区，如图 19-14 所示。然后对选区应用"色阶"调整图层命令，参数设置如图 19-15 所示。最终效果如图 19-16 所示。

羽化半径为40像素时，边缘过白，效果不自然

图19-14

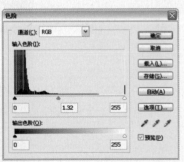

图19-15

图19-16

09 复制"背景副本"图层并选择"背景副本 2"图层。单击修复画笔工具，在属性栏中设置画笔的参数，如图 19-17 所示。在图像中，按住 Alt

技巧提示：

修复画笔工具可用于校正瑕疵，使它们消失在周围的图像中。使用此工具方便快捷，但是控制性和自由性都受到了限制，修复的质量也不是很专业。

修复画笔工具还可以在图像上修复图案。单击修复画笔工具 🖊，在属性栏上选择"图案"单选按钮并单击其后的下拉按钮，在弹出的面板中选择需要的图案，即可在图像上绘制图案进行修复。

技巧提示：

修复日期后，还可以适当使用模糊工具对石阶的边缘进行模糊处理，以使效果更自然。

键的同时，单击吸取电线旁边正确的图像，如图 19-18 所示。释放 Alt 键，在有电线的位置单击或涂抹，来修复图像，如图 19-19 所示。

图19-17

图19-18

图19-19

10 继续使用同样的方法修复其他有电线的位置，修复时可以适当调整画笔大小，从而使修复的效果更自然，完成后效果如图 19-20 所示。然后再使用相同的方法，用修复画笔工具来修复右下角的日期，最终效果如图 19-21 所示。至此，本实例制作完成。

图19-20

图19-21

读书笔记

020 增强照片中人物的动感效果

Before

After

本例中原照片是在被摄人物运动的状态下拍摄的，但是由于相机设置的原因，导致照片中人物的动感不强，没有很好地体现人物的形态。可通过调整使照片中的人物产生动感。在实际处理照片时应当注意径向模糊的中心点，以免产生方向错误。

主要使用功能：径向模糊命令、图层蒙版、色彩平衡命令、横排文字工具、色相/饱和度命令、画笔工具等。

最终文件路径：Chapter2\20增强照片中人物的动感效果\Complete\增强照片中人物的动感效果.psd。

拍摄技巧：

拍摄运动物体时，相机随被摄体的运动进行的追随拍摄方式称作摇拍。进行摇拍时，首先要设定快门速度为 1/30 秒的慢速度，然后使相机追随被摄体平移，在预定的场景按下快门完成拍摄。

技巧提示：

执行″径向模糊″命令时，应注意中心模糊点和照片中人物动向的一致。在″中心模糊″的显示框中可以通过拖动来调整模糊的方向。

01 执行″文件 > 打开″命令，在弹出的对话框中，选择本书配套光盘中 Chapter2\20增强照片中人物的动感效果\Media\001.jpg 文件，单击″打开″按钮打开素材文件，如图 20-1 所示。将″背景″图层拖移至″创建新图层″按钮 上，复制″背景″图层，得到″背景副本″图层。选择″背景副本″图层，执行″滤镜 > 模糊 > 径向模糊″命令，在弹出的对话框中设置各项参数，如图 20-2 所示，完成后单击″确定″按钮，效果如图 20-3 所示。

图20-1

图20-2

图20-3

02 选择″背景副本″图层，单击″图层″面板上的″创建新的填充或调整图层″按钮 ，在下拉菜单中选择″色彩平衡″命令，在弹出的对话框中分别选择″阴影″、″中间调″及″高光″选项，设置相应的各项参数来调整背景照片的色调，如图 20-6 所示，完成后单击″确定″按钮，效果如图 20-7 所示。

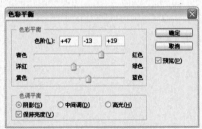
图20-4

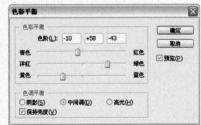
图20-5

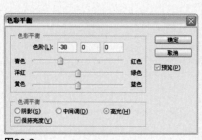

图20-6   图20-7

03 选择"背景副本"图层，单击"添加图层蒙版"按钮 ，按下 D 键恢复前景色和背景色的默认设置，单击画笔工具 ，在属性栏中设置各项参数，如图 20-8 所示，然后在图像中涂抹出人物及汽球的部分区域，此时"图层"面板如图 20-9 所示，效果如图 20-10 所示。

图20-8

图20-9   图20-10

04 选择"背景副本"图层，执行"图像 > 调整 > 色相 / 饱和度"命令，在弹出的对话框中将"饱和度"设置为 30，如图 20-11 所示。完成后单击"确定"按钮，效果如图 20-12 所示。再使用横排文字工具 ，在背景图片合适的位置添加一些适当的文字元素，来增加照片的效果，如图 20-13 所示。至此，本实例制作完成。

图20-11   图20-12   图20-13

Chapter

03

数码照片的光影调整技术

本章主要介绍数码照片的光影调整技术，在日常拍摄照片的过程中，常常会受到一些光影的影响，如正面强光、侧光、背光等等。这时，很容易造成照片的缺陷，影响照片的质量和使用。通过对本章的学习，可以轻松掌握光影的修复问题，同时也能更多地了解一些工具的具体运用，并和前面所学的知识相结合。

021 修正逆光的照片

Before

After

本例中原照片是在人物处于逆光状态下拍摄的，导致人物整体，尤其是五官过于灰暗，需要通过调整来提亮照片中的人物。在实际应用中需要说明的是，在选择通道时，要注意选择一个黑白度反差较大的通道来进行调整以达到最佳效果。

主要使用功能：通道、图层蒙版命令、曲线命令、快速选择工具、色阶命令等。

最终文件路径：Chapter3\21修正逆光的照片\Complete\修正逆光的照片.psd。

拍摄技巧：

逆光的照片往往会因为背景太亮而导致主体曝光不足。光源正对着照相机摄影镜头的照明即逆光照明。在全逆光照明下，被摄体背对照相机的一面受光，而面对照相机的一面则处于阴影中，这时应注意对其暗部进行补光。如果不补光，也可以拍摄成剪影照片。

01 执行"文件 > 打开"命令，在弹出的对话框中，选择本书配套光盘中 Chapter3\21修正逆光的照片 \Media\001.jpg 文件，单击"打开"按钮打开素材文件，如图 21-1 所示。选择"通道"面板，单击"蓝"通道，如图 21-2 所示。将"蓝"通道拖移至"创建新通道"按钮 上，复制"蓝"通道，得到"蓝副本"通道，如图 21-3 所示。

图21-1

图21-2

图21-3

技巧提示：

对通道进行反相处理是确定选区的好方法，可以清楚地确定需要保留的图像范围。白色是需要的图像范围，黑色是不需要的，这样就能很好地控制选区。

02 按下快捷键 Ctrl+I 对"蓝副本"通道进行反相，效果如图 21-4 所示。单击"将通道作为选区载入"按钮 ，将图像载入选区，效果如图 21-5 所示。

图21-4

图21-5

03 单击 RGB 通道,如图 21-6 所示,返回"图层"面板,复制"背景"图层,得到"背景副本"图层,如图 21-7 所示,效果如图 21-8 所示。

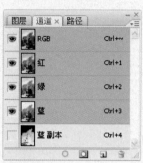

图21-6　　　　　　　　图21-7　　　　　　　　图21-8

04 选择"背景副本"图层,单击"添加图层蒙版"按钮 ,此时图层自动生成选区形态的图层蒙版,如图 21-9 所示,在其混合模式的下拉列表中选择"滤色"命令,如图 21-10 所示,效果如图 21-11 所示。

图21-9　　　　　　　　图21-10　　　　　　　　图21-11

05 选择"背景副本"图层,单击快速选择工具 ,选取人物暗部,如图 21-12 所示,按下快捷键 Ctrl+J 复制选区得到"图层 1",如图 21-13 所示,效果如图 21-14 所示。

技巧提示:

在建立选区时,按右方括号键([])可增大快速选择工具画笔笔尖的大小,按左方括号键([)可减小快速选择工具画笔笔尖的大小。

图21-12　　　　　　　　图21-13　　　　　　　　图21-14

06 选择"背景副本"图层,执行"图像 > 调整 > 曲线"命令,在弹出的对话框中设置各项参数,如图 21-15 所示,单击"确定"按钮,效果如图 21-16 所示。

技巧提示：

在弹出的"曲线"对话框中的"通道"下拉列表中，包括RGB、"红"、"绿"及"蓝"通道，在处理照片的时候，可按照需要有选择性地进行调整，可以得到不同的图像效果。

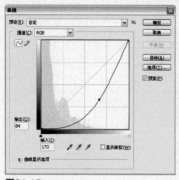

图21-15   图21-16

07 选择"图层1"，单击快速选择工具，选取人物脸部及手部的阴影部分，如图21-17所示，执行"图像 > 调整 > 色阶"命令，在弹出的对话框中设置各项参数，如果21-18所示，完成后单击"确定"按钮，效果如图21-19所示。至此，本实例制作完成。

   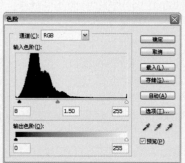   

图21-17   图21-18   图21-19

读书笔记

022 修正曝光过度的照片

本例中原照片由于曝光过度，导致照片中的景物和人物都有些发白，明暗对比弱，色彩也不够饱和。需要通过调整，增加照片的色彩饱和度和对比度，使人物更加突出。需要说明的是，注意抠图时人物边缘的细致处理，以免照片效果失真。

主要使用功能：色阶命令、色彩平衡命令、套索工具、仿制图章工具等。

最终文件路径：Chapter3\22 修正曝光过度的照片\Complete\修正曝光过度的照片.psd。

拍摄技巧：

拍摄者在选择曝光时，一般从以下四个方面考虑：

(1) 被摄物的形态是运动的还是静止的；

(2) 被摄物所处环境的光线明亮程度如何；

(3) 画面的主体是否要通过景深的控制进行取舍；

(4) 画面的整体基调、气氛是取暗舍亮，还是取亮舍暗，还是以中间灰为主。

这些都需要摄影者细加考虑，然后选择适合自己摄影目地的曝光组合。

01 执行"文件 > 打开"命令，在弹出的对话框中，选择本书配套光盘中Chapter3\22修正曝光过度的照片 \Media\001.jpg 文件，单击"打开"按钮打开素材文件，如图 22-1 所示。将"背景"图层拖移至"创建新图层"按钮 🖾 上，复制"背景"图层，得到"背景副本"图层，如图 22-2 所示。

图22-1

图22-2

02 单击套索工具 ，沿人物边缘创建选区，如图 22-3 所示。完成后按下快捷键 Ctrl+Alt+D，弹出"羽化选区"对话框，设置"羽化半径"为 5 像素，如图 22-4 所示，然后单击"确定"按钮。

图22-3

图22-4

03 单击"图层"面板底部的"创建新的填充或调整图层"按钮，然后在下拉菜单中选择"色阶"命令，在弹出的"色阶"对话框中适当调整参数，如图 22-5 所示，完成后单击"确定"按钮，效果如图 22-6 所示。选择"背景副本"图层，复制图层得到"背景副本 2"，如图 22-7 所示。

图22-5　　　　　　　图22-6　　　　　　　图22-7

04 选择"背景副本 2"图层，使用仿制图章工具，对曝光过度的头发区域进行修复，效果如图 22-8 所示。单击套索工具，沿头发的边缘创建选区，如图 22-9 所示。完成后按下快捷键 Ctrl+Alt+D 羽化选区，设置"羽化半径"为 5 像素。如图 22-10 所示。

技巧提示：

这里修复头发时应注意，首先吸取头发颜色中正确的区域，然后沿发丝的方向进行拖动修复，不要用单击的方式来修复，以免头发成块状而不自然。

成块状

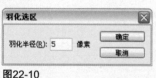

图22-8　　　　　　图22-9　　　　　　图22-10

05 保持选区，按下快捷键 Ctrl+B，弹出"色彩平衡"对话框，设置各项参数来调整头发偏红的颜色，如图 22-11 所示，完成后单击"确定"按钮，再按下 Ctrl+D 快捷键取消选区，效果如图 22-12 所示。至此，本实例制作完成。

成片状

技巧提示：

这里为头发添加一些颜色可以使修复的效果看上去更自然一点。

图22-11　　　　　　　　图22-12

023 修正曝光不足的照片

Before

After

本例中原照片由于是在傍晚拍摄的，因此导致照片整体黯淡，色彩单一且模糊不清。可通过调整，增加照片的亮度来美化照片。在实际应用中需要注意的是，在调整亮度时，调整的效果要和照片的整体相协调，不能过亮。

主要使用功能：通道、图层蒙版、色相/饱和度命令、可选颜色命令等。

最终文件路径：Chapter3\23修正曝光不足的照片\Complete\修正曝光不足的照片.psd。

拍摄技巧：

相机的曝光程度与光圈、快门速度及感光度 (ISO) 有关。光圈表示透光孔的面积，它起到调节曝光的作用。快门速度表示接收光的时间，通过它也可以调节曝光。感光度表示对光线的敏感程度，感学度的调节会对曝光产生影响。

如果拍摄场所照明效果灰暗，光量较少，这时必须开放光圈进行拍摄。一般来说，高端数码相机的光圈开放程度不会超过 F2.0。在照明状态不好的情况下，如果光圈值设定为 F2.0，光量仍不够，这时，由于光圈的限制，就需要延长快门的曝光时间，调整景深。

技巧提示：

这里载入选区的时候，如果选区范围不够准确，可以通过辅助"色阶"命令来调整白色和黑色的对比效果。但需要注意的是"色阶"命令也不能过度使用，以免选区的边缘不够准确。

01 执行"文件 > 打开"命令，在弹出的对话框中，选择本书配套光盘中 Chapter3\23 修正曝光不足的照片 \Media\001.jpg 文件，单击"打开"按钮打开素材文件，如图 23-1 所示。选择"通道"面板，单击"绿"通道，如图 23-2 所示。

图23-1

图23-2

02 将"绿"通道拖移至"创建新通道"按钮 上，复制"绿"通道，得到"绿副本"通道，如图 23-3 所示，效果如图 23-4 所示。按下快捷键 Ctrl+I 对"绿副本"通道进行反相，效果如图 23-5 所示。单击"将通道作为选区载入"按钮 ，将图像载入选区，如图 23-6 所示。

图23-3

图23-4

图23-5

图23-6

03 单击 RGB 通道，如图 23-7 所示。再返回"图层"面板，将"背景"图层拖移至"创建新图层"按钮 上，复制"背景"图层，得到"背景副本"图层，如图 23-8 所示。效果如图 23-9 所示。

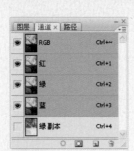

图23-7   图23-8   图23-9

04 选择"背景副本"图层，单击"添加图层蒙版"按钮 ▢ ，图层自动生
成选区形态的图层蒙版，如图 23-10 所示，再在其混合模式的下拉列表中选
择"滤色"命令，如图 23-11 所示，效果如图 23-12 所示。

图23-10   图23-11   图23-12

05 选择"背景副本"图层，将"背景副本"图层拖移至"创建新图层"
按钮 ▢ 上，复制"背景副本"图层，得到"背景副本 2"图层，如图 23-13
所示。效果如图 23-14 所示。

图23-13   图23-14

06 选择"背景副本 2"图层，单击"图层"面板上的"创建新的填充或
调整图层"按钮 ▢ ，在下拉菜单中选择"可选颜色"命令，并在弹出对话
框的"颜色"下拉列表中选择"白色"选项，并设置各项参数，如图 23-15
所示，完成后单击"确定"按钮，效果如图 23-16 所示。

图23-15   图23-16

07 双击"选取颜色1"图层的图层缩览图，在弹出对话框的"颜色"下拉列表中选择"黑色"选项，并设置各项参数，如图 23-17 所示，完成后单击"确定"按钮，效果如图 23-18 所示。

图23-17

图23-18

08 选择"背景副本2"图层，单击快速选择工具，拖选出人物部分，如图 23-19 所示，按下快捷键 Ctrl+J 复制选区，得到"图层1"，如图 23-20 所示。

图23-19

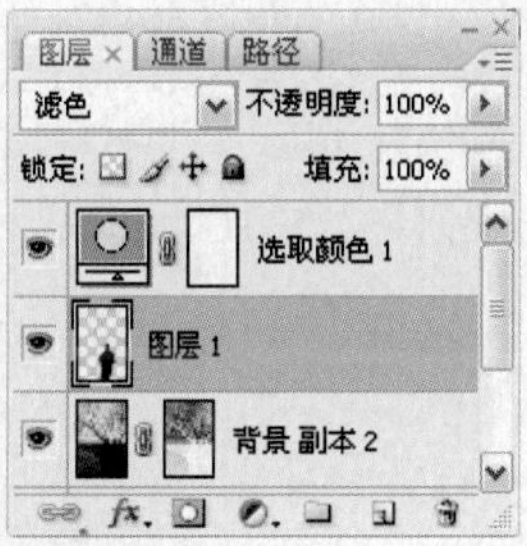

图23-20

09 选择"图层1"，将"图层1"拖移至图层最上方，如图 23-21 所示，效果如图 23-22 所示。

技巧提示：
选择"图层1"，按下快捷键 Ctrl+Shift+]，也可以将"图层1"置于最顶层。

图23-21

图23-22

10 选择"背景副本2"图层，执行"图像 > 调整 > 色相/饱和度"命令，在弹出的对话框中设置各项参数，如图 23-23 所示，完成后单击"确定"按钮，效果如图 23-24 所示。至此，本实例制作完成。

技巧提示：
色相/饱和度命令在照片的处理中主要用来调整照片的饱和度和色相，不同的色相和饱和度会产生不同的色彩效果。此命令除了应用于照片外，还广泛应用于制作个性图像。可以在"编辑"下拉列表中，选择需要调整的颜色。

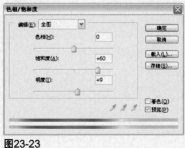
图23-23

图23-24

024 修正散乱光源的照片

视频文件：Chapter03\24修正散乱光源的照片.exe

Before

After

本例原照片中人物脸部的光源比较散乱，并且脸部五官不清晰，需要通过调整修正脸部散乱的光源，突出照片中的人物。

主要使用功能：色阶命令、多边形套索工具、修补工具等。

最终文件路径：Chapter3\24修正散乱光源的照片\Complete\修正散乱光源的照片.psd。

拍摄技巧：

人物正面受光时，光线太强，很容易眯眼或用手来挡光，所以在拍摄时最好避免人物正面对强光，可适当调整角度进行拍摄。

01 执行"文件 > 打开"命令，打开本书配套光盘中 Chapter3\24修正散乱光源的照片 \Media\001.jpg 文件，如图 24-1 所示。运用色阶调整图层命令适当调整图像的整体亮度，效果如图 24-2 所示。复制"背景"图层，选择"背景副本"图层，单击多边形套索工具 沿人物脸部较暗的位置创建选区，羽化选区并设置"羽化半径"为 5 像素，效果如图 24-3 所示。

图24-1

图24-2

图24-3

02 再应用色阶调整图层命令，适当调整图像，效果如图 24-4 所示。最后使用修补工具 修复脸部光线分界线比较明显的部分，效果如图 24-5 所示。最后结合多边形套索工具 和高斯模糊滤镜对杂乱的背景进行适当处理，使背景产生景深效果，效果如图 24-6 所示。至此，本实例制作完成。

技巧提示：

人物脸部的光线分界线比较明显，选择修补工具来进行修复比较适合，修补工具可以保留原图像的亮度，使修复的效果更自然。本实例在修复时，还可以辅助使用模糊工具对人物脸部的边缘进行处理，使皮肤显得更光滑，人物更自然。

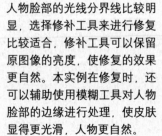

图24-4

图24-5

图24-6

025 修正侧光造成的面部局部亮面

视频文件：Chapter3\25修正侧光造成的面部局部亮面.exe

Before

After

　　本例中原照片是在侧光的情况下拍摄的，造成了人物脸部出现光斑，影响整体效果。可以通过修复工具修正因侧光造成的面部局部亮斑。在调整过程中需要注意调整的部分要和人物的肤色相一致。

主要使用功能：色阶命令、色彩平衡命令、色相/饱和度命令等。

最终文件路径：Chapter3\25修正侧光造成的面部局部亮面\Complete\修正侧光造成的面部局部亮面.psd。

拍摄技巧：

在拍摄时，侧光其实是一种比较普遍的拍摄角度，一般的家庭拍摄都没有反光板，所以在拍摄的时候应尽量调整角度，避免在脸部出现大量的光斑影响效果。

技巧提示：

在使用修复画笔工具修复脸部的光斑时，可以按下快捷键Ctrl+H隐藏选区，并随时调整画笔的大小，以得到更好的修复效果。如果有一步的效果不理想，可按下快捷键Ctrl+Alt+Z回到上一步重新进行修复。

01 执行"文件 > 打开"命令，打开本书配套光盘中Chapter3\25修正侧光造成的面部局部亮面\Media\001.jpg文件，如图25-1所示。复制"背景"图层，并对"背景副本"图层应用"色阶"、"色相/饱和度"调整图层命令，然后再使用多边形套索工具分别圈选群山、水面并分别应用"色彩平衡"命令来调整图像的颜色，效果如图25-2所示。

图25-1

图25-2

02 放大图像，使用多边形套索工具 在人物脸部有光斑的位置创建选区，如图25-3所示。羽化选区，然后单击修复画笔工具 ，按住Alt键吸取周围正常的皮肤，松开Alt键，再在有光斑的位置进行涂抹，直到修复的效果达到完美状况。修复后的效果如图25-4所示。至此，本实例制作完成。

图25-3

图25-4

026 增加照片的局部光源

Before

After

　　本例中原照片是处于一种平光源的情况下拍摄的，由于没有主光源，导致照片中人物的色彩非常黯淡，照片整体毫无生气。需要通过调整增加局部光源，提高照片的整体和人物的亮度。在实际应用中需要说明的是，修正时应注意人物脸部的处理，避免出现失真的现象。

　主要使用功能： 光照效果滤镜、镜头光晕滤镜、图层蒙版、色阶命令、模糊工具、色彩平衡命令等。

　最终文件路径： Chapter3\26增加照片的局部光源\Complete\增加照片的局部光源.psd。

拍摄技巧：

当光源从被摄体的左侧或右侧的后方，并与摄像镜头的主光轴构成135°左右角度进行照明时，即为侧逆光照明。

在选用侧逆光照明时，应注意对其阴影部分加用辅助光照明，以使暗部的影调层次和质感得到应有的表现。

侧逆光照明是拍摄低调照片的好光位。只要被摄主体和环境色调均为深色调，就很容易拍摄成低调作品。

技巧提示：

在运用"光照效果"和"镜头光晕"命令时，应注意光源的方向及范围的正确使用。

01 执行"文件 > 打开"命令，在弹出的对话框中，选择本书配套光盘中Chapter3\26增加照片的局部光源 \Media\001.jpg 文件，单击"打开"按钮打开素材文件，如图 26-1 所示。复制"背景"图层，得到"背景副本"图层，如图 26-2 所示。

图26-1

图26-2

02 选择"背景副本"图层，执行"滤镜 > 渲染 > 光照效果"命令，在弹出的对话框中设置各项参数增加照片的光感，如图 26-3 所示，完成后单击"确定"按钮，效果如图 26-4 所示。

图26-3

图26-4

03 选择"背景副本"图层，执行"滤镜 > 渲染 > 镜头光晕"命令，在弹出的对话框中设置各项参数增加照片的局部光源，如图 26-5 所示，完成后单击"确定"按钮，效果如图 26-6 所示。

图26-5　　　　　图26-6

04 选择"背景副本"图层，单击快速选择工具，拖选出人物图像部分，如图 26-7 所示，按下快捷键 Ctrl+J 复制选区，得到"图层 1"，如图 26-8 所示。

图26-7　　　　　图26-8

05 按住 Ctrl 键的同时单击"图层 1"的图层缩览图，将图像载入选区。再选择"背景副本"图层，按下快捷键 Shift+Ctrl+I，反选选区，如图 26-9 所示。再按下快捷键 Ctrl+J 复制选区，得到"图层 2"，如图 26-10 所示。

图26-9　　　　　图26-10

06 选择"图层 1"，执行"图像 > 调整 > 色阶"命令，在弹出的对话框中设置各项参数来增加人物的亮度，如图 26-11 所示，完成后单击"确定"按钮，效果如图 26-12 所示。

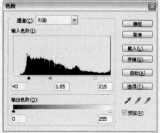 

图26-11　　　　　图26-12

150

技巧提示：

应用快速蒙版模式，并利用画笔工具进行涂抹，可在图像上快速建立选区并进行调整，在照片的处理中可以对照片的局部进行编辑和制作，并且可以选择照片中较复杂的景物，相对于魔棒工具和路径工具来说更加准确和方便，对初学者来说更容易掌握。

这里单独选择人物的脸部，以便调整脸部的亮度，使主题人物更明显。

技巧提示：

模糊工具可以手动模糊需要处理的图像，并可以在属性栏中设置需要的模式，不同的模式会得到不同的视觉效果。设置的强度越大，图像就越模糊。

技巧提示：

前面运用了镜头光晕效果后，脸部有一些小的光斑，比较影响整体效果。可以使用仿制图章工具来修复人物脸部的瑕疵。

07 选择"图层1"，单击"以快速蒙版模式编辑"按钮，使用画笔工具，按下D键恢复前景色和背景色的默认设置，在照片上将人物面部及颈部涂抹出来，如图26-13所示，完成后单击"以标准模式编辑"按钮，得到新的选区，如图26-14所示。

图26-13

图26-14

08 执行"滤镜 > 模糊 > 高斯模糊"命令，在弹出的对话框中设置"半径"为3.5像素来调整人物皮肤柔和度，如图26-15所示，完成后单击"确定"按钮，效果如图26-16所示。

图26-15

图26-16

09 选择"图层1"，单击模糊工具，在属性栏中设置参数，如图26-17所示，修正人物面部整体效果，效果如图26-18所示。单击仿制图章工具，修正人物面部脏乱部分，效果如图26-19所示。

图26-17

图26-18

图26-19

10 选择"图层2"，执行"图像 > 调整 > 色彩平衡"命令，在弹出的对话框中设置各项参数来添加背景绿色效果，如图26-20所示，完成后单击"确定"按钮，效果如图26-21所示。

图26-20　　　　　　　　　　　　　　图26-21

技巧提示：

"USM 锐化"对话框中的"阈值"选项主要用于调整图像边缘像素，利用色阶命令的原理，确定锐化的强度，当阈值为 0像素时，锐化所有像素。

11 选择"图层 2"，执行"滤镜 > 锐化 >USM 锐化"命令，在弹出的对话框中设置各项参数，如图 26-22 所示，完成后单击"确定"按钮，效果如图 26-23 所示。

图26-22　　　　　　　　　　图26-23

12 选择"图层 2"，单击"添加图层蒙版"按钮，按下 D 键恢复前景色和背景色的默认设置，在"图层 2"的蒙版上涂抹出天空的背景图像，恢复天空本来的蓝色，此时"图层"面板如图 26-24 所示，效果如图26-25 所示。至此，本实例制作完成。

图26-24　　　　　　　　　　图26-25

150

027 增加照片的聚光灯效果

视频文件：Chapter3\27增加照片的聚光灯效果.exe

Before

After

　　本例中原照片的人物繁杂，背景也比较乱，照片整体毫无主次之分，视觉上给人一种拥挤的感觉。可以通过调整设置聚光灯效果，将次要的背景隐去，从而突出照片中的主体人物。

 主要使用功能： 光照效果滤镜、画笔工具、渐变工具、亮度/对比度命令、色阶命令等。

 最终文件路径： Chapter3\27增加照片的聚光灯效果\Complete\增加照片聚光灯效果.psd。

拍摄技巧：
选择背景简单的场景进行拍摄，能够更加突出人物。

技巧提示：
执行"光照效果"命令时可以根据照片内容的不同，选择适合的光线进行调整。

01 执行"文件 > 打开"命令，打开本书配套光盘中 Chapter3\27 增加照片的聚光灯效果 \Media\001.jpg 文件，如图 27-1 所示。执行"滤镜 > 渲染 > 光照效果"命令，对人物进行光照处理，效果如图 27-2 所示。

图27-1

图27-2

02 新建图层，结合使用画笔工具和渐变工具，为图像画面添加一些增色图案，效果如图 27-3 所示。然后再对整个图像应用"亮度 / 对比度"和"色阶"调整图层命令，效果如图 27-4 所示。至此，本实例制作完成。

图27-3

图27-4

028 去除眼镜上的反光

Before

After

本例原照片中的人物眼镜产生了反光现象，影响了人物照片的效果。可以通过调整去除眼镜上的反光，来美化照片中的图像。

主要使用功能：仿制图章工具、套索工具、移动工具等。

最终文件路径：Chapter3\28去除眼镜上的反光\Complete\去除眼镜上的反光.psd。

拍摄技巧：

在拍摄过程中，如果现场光线不足，可使用闪光灯，以满足曝光的需要。这时，为了避免造成反光的效果，在拍摄中，应尽量避免佩戴镜片之类会反光的物件，或者拍摄者可从侧面使用闪光灯进行拍摄，避免正面照射人的面部。

技巧提示：

修复的时候一定要注意吸取周围图像中颜色比较自然的部分，并进行反复调试，耐心地进行调整。

"在修复右边眼镜的反光区域时，一定要注意眼睛的颜色。

01 执行"文件 > 打开"命令，在弹出的对话框中，选择本书配套光盘中Chapter3\28 去除眼镜上的反光 \Media\001.jpg 文件，单击"打开"按钮打开素材文件，如图 28-1 所示。将"背景"图层拖移至"创建新图层"按钮 上，复制"背景"图层，得到"背景副本"图层，如图 28-2 所示。

图28-1

图28-2

02 选择"背景副本"图层，单击仿制图章工具，按住 Alt 键的同时单击吸取眼部周围正常的图像，松开 Alt 键，反复涂抹眼镜反光部分来进行修复，效果如图 28-3 所示。选择"背景副本"图层，按照上面同样的方法修复另一只眼镜的反光区域，效果如图 28-4 所示。

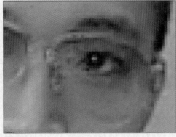
图28-3

图28-4

03 选择"背景副本"图层，单击套索工具 ⌀，圈选出左边较完整的眼球部分，如图 28-5 所示，按下快捷键 Ctrl+J 复制选区，得到"图层 1"，如图 28-6 所示。

图28-5

图28-6

04 选择"图层 1"，单击移动工具 ⊹，拖动图像至右眼合适位置，完善图像，如图 28-7 所示。

图28-7

技巧提示：

本照片的背景比较灰暗，所以需要调整图像的颜色。还可以通过前面介绍过的方法来调整图像的色调和颜色，使照片效果更完美。

05 选择"背景副本"图层，执行"图像 > 调整 > 色彩平衡"命令，在弹出的对话框中设置各项参数，如图 28-8 所示。完成后单击"确定"按钮，效果如图 28-9 所示。至此，本实例制作完成。

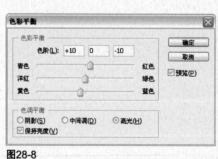

图28-8

图28-9

029 去除照片中拍摄者的投影

视频文件：Chapter3\29去除照片中拍摄者的投影.exe

Before

After

本例中原照片的人物影子和拍摄者的影子叠加在一起，影响照片的观赏性和质量。可以通过调整将拍摄者的阴影去掉，还原照片合理内容。

主要使用功能： 快速蒙版编辑模式、仿制图章工具等。

最终文件路径： Chapter3\29去除照片中拍摄者的投影\Complete\去除照片中拍摄者的投影.psd。

拍摄技巧：

拍摄时，拍摄者与被拍摄者应保持一定距离，或者选择光照弱的阴影处。

技巧提示：

注意使用以快速蒙版模式编辑图像的时候，最好选择较硬的画笔笔尖来涂抹图像，以便图像的边缘更加清晰。

01 执行"文件 > 打开"命令，打开本书配套光盘中 Chapter3\29去除照片中拍摄者的投影 \Media\001.jpg 文件，如图 29-1 所示。单击"以快速蒙版模式编辑"按钮，并使用画笔工具对拍摄者的阴影进行涂抹，如图 29-2 所示。

图29-1

图29-2

02 单击"以标准模式编辑"按钮，得到选区，反选选区，并调整色阶，使用仿制图章工具对多余区域进行修补，效果如图 29-3 所示。新建图层，设置前景色为墙的颜色，再使用多边形套索工具圈选需要修复的墙体部分，羽化并填充选区，再将图层混合模式设置为"颜色"，效果如图 29-4 所示。至此，本实例制作完成。

图29-3

图29-4

030 调整闪光灯造成的人物局部过亮

Before

After

本例中原照片是在室内拍摄的，由于受环境灯光和闪光灯的影响，人物的脸部出现局部过亮的现象，可适当进行调整，使照片效果更加自然。

主要使用功能： 矩形选框工具、色阶命令、色相/饱和度命令。

最终文件路径： Chapter3\30调整闪光灯造成的人物局部过亮\Complete\调整闪光灯造成的人物局部过亮.psd。

拍摄技巧：

当在室内拍摄人物照片时，常常会使用数码相机的内置闪光灯来进行补光，但如果不能正确地利用闪光光源，往往会使主体人物的背后出现难看的阴影、人物红眼或局部过亮的情况，严重影响照片的美观。

在室内进行拍摄时，除了闪光灯的光源外，还会有从门窗射入的自然光和室内灯光，只是由于后两种光源较弱，不能让主体人物有足够的曝光量。可以使用慢速同步闪光模式，用闪光灯光源来照亮主体人物，然后用较长的快门(1/15秒～1秒)拍摄室内的其他静物，这样就可以利用室内原有的光线来减弱闪光灯留下的阴影。

01 执行"文件 > 打开"命令，打开本书配套光盘中 Chapter3\30 调整闪光灯造成的人物局部过亮 \Media\001.jpg 文件，如图 30-1 所示。复制"背景"图层，选择"背景副本"图层，单击矩形选框工具 在图像的中心位置创建选区，如图 30-2 所示。适当羽化选区后，再对选区内的图像应用"亮度/对比度"调整图层命令，效果如图 30-3 所示。

图30-1

图30-2

图30-3

02 再使用多边形套索工具分别圈选人物整体和脸部，羽化选区并分别应用"色阶"、"色相/饱和度"、"色彩平衡"命令来进行调整，效果如图 30-4、图 30-5 所示。完成后最终效果如图 30-6 所示。至此，本实例制作完成。

图30-4

图30-5

图30-6

031 校正边角失光的照片

视频文件：Chapter3\31校正边角失光的照片.exe

Before

After

　　本例中原照片是在中午拍摄的，由于光照强，后面的墙壁挡住了阳光，出现很多的阴影。可以利用快速蒙版编辑模式将照片中失光的部分修复成正常的颜色。

主要使用功能：快速蒙版编辑模式、画笔工具等。

最终文件路径：Chapter3\31校正边角失光的照片\Complete\校正边角失光的照片.psd。

拍摄技巧：

在光照充足并特别强烈的情况下，并不一定适合拍摄照片，在过强的光线下拍摄的照片会产生很多阴影，影响画面效果，所以，最好在光线柔和的环境下进行拍摄。

技巧提示：

使用快速蒙版模式编辑图像时，可以在画笔属性栏中选择不同的画笔形状，在图像上涂抹出不同的效果。

01 执行"文件 > 打开"命令，打开本书配套光盘中 Chapter3\31校正边角失光的照片\Media\001.jpg 文件，如图 31-1 所示。复制"背景"图层，并选择"背景副本"图层，单击"以快速蒙版模式编辑"按钮，并选择画笔工具，对要调整的部分进行涂抹，如图 31-2 所示。

图31-1

图31-2

02 单击"以标准模式编辑"按钮，得到选区，然后对选区进行反选，并应用曲线调整命令，对选区内的图像进行调色，取消选区的效果如图 31-3 所示。最后再对整个图像应用"色阶"调整图层命令，最终效果如图 31-4 所示。至此，本实例制作完成。

图31-3

图31-4

读书笔记

Chapter 04

数码照片的校色和润色

本章主要调整在日常拍摄的照片中经常出现的一些色彩偏差或者瑕疵问题，比如颜色失真、对比失调、色彩不和谐、照片过灰、色彩偏黄、白平衡错误等。在家庭拍摄时，可能无法像摄影师那样专业，可以避免一些拍摄缺陷，但是可以通过Photoshop的图像处理功能来校正色彩偏差的照片和修复照片的瑕疵，使原本暗淡无光的照片立刻变得生动起来，使生活更加丰富多彩。

032 还原颜色失真的照片

Before

After

本例中原照片偏红色和黄色，我们可以采用曲线和可选颜色命令来修正颜色失真的问题，使照片显得更自然。

 主要使用功能： 曲线命令、可选颜色命令、磁性套索工具等。

 最终文件路径： Chapter4\32还原颜色失真的照片\Complete\还原颜色失真的照片.psd。

拍摄技巧：

在彩色摄影中，光源色温的高低直接影响着被摄体色彩的再现。色温表示光源的光谱成分，用绝对温标K（开尔文）来表示。在色温高的光源中，所含的蓝色光成分多于红色光；在色温低的光源中，所含的红色光成分多于蓝色光。

01 执行"文件 > 打开"命令，在弹出的对话框中，选择本书配套光盘中Chapter4\32还原颜色失真的照片\Media\001.jpg 文件，单击"打开"按钮打开素材文件，如图 32-1 所示。

图32-1

02 选择"背景"图层，单击"图层"面板上的"创建新的填充或调整图层"按钮 ，在下拉菜单中选择"曲线"命令，并在弹出对话框中设置各项参数，如图 32-2 所示，完成后单击"确定"按钮，效果如图 32-3 所示。

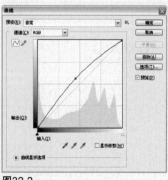

图32-2

图32-3

技巧提示：

如果需要分别对可选颜色中的几种颜色进行调整，也可以先不单击"确定"按钮，一次性完成所有调整后，再单击"确定"按钮。

03 选择"背景"图层，单击"图层"面板上的"创建新的填充或调整图层"按钮，在下拉菜单中选择"可选颜色"命令，在弹出对话框的"颜色"下拉列表中选择"红色"选项，并设置各项参数，如图 32-4 所示，完成后单击"确定"按钮，效果如图 32-5 所示。

图32-4

图32-5

04 双击"选取颜色 1"图层的图层缩览图，在弹出对话框的"颜色"下拉列表中分别选择"黄色"、"绿色"、"白色"和"黑色"选项，并设置各自相应参数，如图 32-6 ～ 图 32-9 所示，完成后单击"确定"按钮，效果如图 32-10 所示。

图32-6

图32-7

图32-8

图32-9

图32-10

05 单击磁性套索工具 ，沿玩具绿色的图像范围创建选区，如图 32-11 所示。然后按下 Ctrl+Alt+D 快捷键，在弹出的"羽化选区"对话框中设置"羽化半径"为 2，如图 32-12 所示。完成后单击"确定"按钮。

图32-11　　　　　　　　　　　图32-12

06 保持选区，单击"图层"面板中的"创建新的填充与调整图层"按钮 ，在下拉菜单中选择"色彩平衡"命令，然后在弹出的对话框中设置参数，使玩具的绿色更自然，如图 32-13 所示，单击"确定"按钮后，效果如图 32-14 所示。

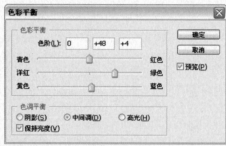

图32-13　　　　　　　　　　　图32-14

07 继续使用同样的方法，单击磁性套索工具 ，沿玩具动物白色的区域创建选区，羽化选区，设置"羽化半径"为 2 像素，然后对其应用"色阶"调整图层命令，参数设置如图 32-15 所示，单击"确定"按钮后，效果如图 32-16 所示。至此，本实例制作完成。

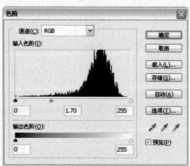

图32-15　　　　　　　　　　　图32-16

033 调整照片的色调

视频文件：Chapter4\33调整照片的色调.exe

Before

After

　　本例中原照片的色调非常灰暗，从视觉上给人一种灰蒙蒙的感觉，好像笼罩着一层烟雾。需要通过调整，赋予照片亮丽的色彩。在实际操作中需要注意调节颜色时不能过度，以免效果失真。

主要使用功能：色阶命令、亮度/对比度命令、色相/饱和度命令等。

最终文件路径：Chapter4\33调整照片的色调\Complete\调整照片的色调.psd。

拍摄技巧：

避免在背光的地方进行拍摄，在拍摄时注意人物不要挡住光线。如果是夜晚，尽量选择有灯光照明的地方。

技巧提示：

使用色阶、亮度/对比度及色相/饱和度命令的时候，应多注意对比调整前后的图像，以免照片颜色失真。

01 执行"文件 > 打开"命令，打开本书配套光盘中 Chapter4\33 调整照片的色调 \Media\001.jpg 文件，如图 33-1 所示。复制"背景"图层，并对"背景副本"图层执行"色阶"调整图层命令，效果如图 33-2 所示。

图33-1

图33-2

02 单击"创建新的填充或调整图层"按钮 ，选择"亮度/对比度"命令来调整图像，效果如图 33-3 所示。再应用"色相/饱和度"调整图层命令来进行适当调整，效果如图 33-4 所示。至此，本实例制作完成。

图33-3

图33-4

034 调整照片的色彩对比

Before

After

本例中原照片的色彩非常灰暗，没有突出照片本身的环境气氛，需要通过调整恢复照片的色彩。在实际应用中需要注意人物与背景色调的配合，以免使照片色彩对比度过强。

主要使用功能：色阶命令、色彩平衡命令、可选颜色命令、USM锐化命令、图层蒙版、画笔工具等。

最终文件路径：Chapter4\34调整照片的色彩对比\Complete\调整照片的色彩对比.psd。

拍摄技巧：

真实、准确地再现自然景物的色彩，需要具备很多条件，其中最主要的是由光源的色温、光照条件、彩色感光片的特性、曝光的准确性及彩色感光材料的冲洗条件等。在拍摄时，光源色温的高低直接影响着被摄体色彩的再现。如果光源色温高于感光片的标定光源色温时，拍摄出的画面影像会偏蓝；当光源色温低于感光片的标定光源色温时，拍摄出的画面影像偏橙红色。

01 执行"文件 > 打开"命令，在弹出的对话框中，选择本书配套光盘中Chapter4\34调整照片的色彩对比\Media\001.jpg 文件，单击"打开"按钮打开素材文件，如图 34-1 所示。复制"背景"图层，得到"背景副本"图层，如图 34-2 所示。

图34-1

图34-2

02 执行"图像 > 调整 > 色阶"命令，在弹出的对话框中设置其参数，如图 34-3 所示。完成后单击"确定"按钮，效果如图 34-4 所示。

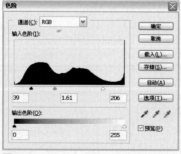

图34-3

图34-4

03 复制"背景副本"图层，得到"背景副本2"图层，如图 34-5 所示。选择"背景副本2"图层，执行"图像 > 调整 > 色彩平衡"命令，在弹出的对话框中选择"阴影"选项，然后设置阴影的参数，如图 34-6 所示。此时效果如图 34-7 所示。

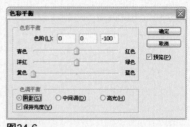

图34-5　　　　　　　　　图34-6　　　　　　　　　　　　图34-7

04 继续在"色彩平衡"对话框中进行设置，选择"中间调"选项，调整中间调的参数，如图 34-8 所示。完成后单击"确定"按钮，效果如图 34-9 所示。

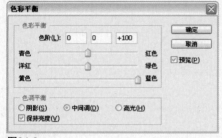

图34-8　　　　　　　　　　　　　　　图34-9

05 选择"背景副本 2"图层，执行"图像 > 调整 > 可选颜色"命令，在弹出对话框的"颜色"下拉列表中选择"黄色"选项，并在对话框中设置各项参数，如图 34-10 所示。完成后单击"确定"按钮，效果如图 34-11 所示。

图34-10　　　　　　　　　　图34-11

06 选择"背景副本 2"图层，执行"滤镜 > 锐化 >USM 锐化"命令，在弹出的对话框中设置其参数，如图 34-12 所示，完成后单击"确定"按钮，效果如图 34-13 所示。选择"背景副本 2"图层，单击"图层"面板中的"添加图层蒙版"按钮 ，再单击画笔工具，按下 D 键恢复前景色和背景色的默认设置，涂抹出人物部分，效果如图 34-14 所示。至此，本实例制作完成。

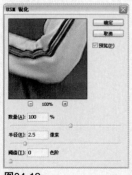

图34-12　　　　　　　　　图34-13　　　　　　　　图34-14

150

035 调出和谐的色调

视频文件：Chapter4\35调出和谐的色调.exe

Before

After

　　本例中原照片是在背光状态下拍摄的，导致照片颜色严重偏红，给人一种不真实感。需要对其进行调整和处理，使其颜色真实和谐。

主要使用功能：亮度/对比度命令、色相/饱和度命令、色彩平衡命令、画笔工具等。

最终文件路径：Chapter4\35调出和谐的色调\Complete\调出和谐的色调.psd。

拍摄技巧：

避免在光线强烈，而人物又处于背光的地方进行拍摄，应让人物处于光线强弱交接处，或是在柔光的环境下进行拍摄。

01 执行"文件 > 打开"命令，打开本书配套光盘中 Chapter4\35调出和谐的色调 \Media\001.jpg 文件，如图 35-1 所示。复制"背景"图层，选择"背景副本"图层，并单击"创建新的填充或图形"按钮 调整图像的色相 / 饱和度、亮度 / 对比度及色彩平衡，效果如图 35-2 所示。

图35-1

图35-2

技巧提示：

使用画笔工具的时候注意调节不透明度，以免使用历史记录画笔工具还原的时候过渡不理想，并尽量多使用柔角画笔工具。

02 复制"背景副本"图层，选择"背景副本 2"图层，单击画笔工具 ，并调节笔刷的"不透明度"，在人物脸部进行涂抹，再使用画笔工具添加喜欢的效果，如图 35-3 所示。新建"图层"，结合使用历史记录画笔工具及画笔工具，设置不同的前景色，还原人物的面部，并绘制梦幻的背景效果。最后调整图像的色相 / 饱和度及亮度 / 对比度，效果如图 35-4 所示。至此，本实例制作完成。

图35-3

图35-4

036 增加照片的色彩层次

Before

After

本例中原照片的色彩平淡，可以通过对人物和背景进行色调调整来增加照片的色彩层次。在实际应用中需要注意人物亮度和阴影的调节，从而使照片效果更为柔和。

主要使用功能：可选颜色命令、色彩平衡命令、色阶命令、图层蒙版等。

最终文件路径：Chapter4\36增加照片的色彩层次\Complete\增加照片的色彩层次.psd。

拍摄技巧：

在照片的拍摄中，照片内容的色彩是照片不可缺少的部分，而在拍摄时，多数拍摄者都不会注意所取景象的色彩层次和分布，这也是导致照片产生缺陷的重要因素之一。所以在拍摄前对景物的选取尤为重要，尽量选择一些色彩丰富，并且具有远近关系色彩倾向的景物进行拍摄。但也要避免背景过于杂乱，以免影响照片效果。

01 执行"文件 > 打开"命令，在弹出的对话框中，选择本书配套光盘中Chapter4\36增加照片的色彩层次 \Media\001.jpg 文件，单击"打开"按钮打开素材文件，如图 36-1 所示。复制"背景"图层，得到"背景副本"图层，如图 36-2 所示。

图36-1

图36-2

02 单击"创建新的填充或调整图层"按钮 ，在下拉菜单中选择"可选颜色"命令，在弹出对话框的"颜色"下拉列表中选择"蓝色"选项，并设置各项参数，如图 36-3 所示，完成后单击"确定"按钮，效果如图 36-4 所示。

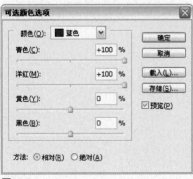
图36-3

图36-4

03 双击"选取颜色1"图层的图层缩览图,在弹出对话框的"颜色"下拉列表中选择"黑色"选项,并设置各项参数,如图36-5所示,完成后单击"确定"按钮,效果如图36-6所示。

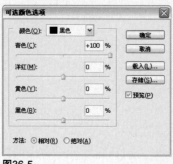

图36-5   图36-6

04 选择"背景副本"图层,单击"图层"面板上的"创建新的填充或调整图层"按钮 ◯,在弹出的菜单中选择"色彩平衡"命令,在弹出的对话框中设置各项参数,如图36-7所示,完成后单击"确定"按钮,效果如图36-8所示。

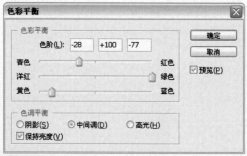

图36-7   图36-8

技巧提示:

在"画笔"面板中,画笔预设是在使用画笔工具时最基本的调整选项,可以通过调整距离、画笔形状、角度等来改变画笔的状态。

画笔预设主要显示画笔的尺寸、距离、材质等,勾选各个复选框,可以对笔刷进行相应的设置。

05 选择"色彩平衡1"图层,单击画笔工具 ☑,按下D键恢复前景色和背景色的默认设置,涂抹出天空及人物部分,效果如图36-9所示。选择"背景副本"图层,单击快速选择工具 ☑,拖选出人物部分,如图36-10所示,按下快捷键Ctrl+J复制选区,得到"图层1",如图36-11所示。

图36-9   图36-10   图36-11

06 选择"图层1",执行"图像 > 调整 > 色阶"命令,在弹出的对话框中设置各项参数,调节人物部分的亮度,如图36-12所示,完成后单击"确定"按钮,效果如图36-13所示。

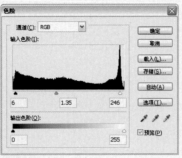

图36-12　　　　　　　　　　　图36-13

07 选择"背景副本"图层，将"背景副本"图层拖移至"创建新图层"按钮 ▣ 上，复制"背景副本"图层，得到"背景副本2"图层，如图36-14所示。将"背景副本2"图层拖至"图层1"上层，如图36-15所示。

图36-14　　　　　　　　　　　图36-15

08 选择"背景副本2"图层，单击"添加图层蒙版"按钮 ▣，此时"图层"面板如图36-16所示。单击画笔工具 ✐，按下D键恢复前景色和背景色的默认设置，涂抹出人物头像的亮部，效果如图36-17所示。至此，本实例制作完成。

图36-16　　　　　　　　　　　图36-17

技巧提示：

在"色阶"对话框中，选择"设置黑场"吸管工具 ✐，可以改变图像的整体效果。

单击该按钮后，在图像上单击某一点，会把这一点作为黑色，而其他的色阶随之发生变化，使在图像上比那一点暗的图像变为黑色。利用"设置黑场"吸管工具，可以增强整体图像的暗度。

037 增强照片的色彩鲜艳度

视频文件：Chapter4\37增强照片的色彩鲜艳度.exe

Before

After

本例中原照片是在室内拍摄的，由于光线不足，使照片整体色调较为阴暗。需要对其进行后期的调整和处理，增加照片的整体亮度，调整色彩，使民族风情的气氛更加浓烈，人与景都生动起来。

 主要使用功能： 亮度/对比度命令、色相/饱和度命令、图层蒙版、色阶命令等。

 最终文件路径： Chapter4\37增强照片的色彩鲜艳度\Complete\增强照片的色彩鲜艳度.psd。

拍摄技巧：

在拍摄人物照片时，最好选择颜色单纯或线条简单的背景来突出人物，应尽量避免复杂的背景。如果要拍摄有复杂背景的照片，那就应注意采光条件，并适当使用闪光灯，以维持照片的色彩鲜艳度。

01 执行"文件 > 打开"命令，打开本书配套光盘中 Chapter4\37增强照片的色彩鲜艳度\Media\001.jpg 文件,如图 37-1 所示。复制"背景"图层后，单击"创建新的填充或调整图层"按钮 ，选择"亮度/对比度"命令进行参数调整，效果如图 37-2 所示。

图37-1

图37-2

技巧提示：

使用画笔工具的时候注意调节不透明度，以免在需要使用历史记录画笔工具还原的时候过渡不理想，并且尽量多使用柔角画笔工具，使照片修改更加自然。

02 再选择"色相/饱和度"命令进行调整，效果如图 37-3 所示。单击"以快速蒙版模式编辑"按钮 ，用画笔工具 对背光和阴影较重的区域进行涂抹，再单击"以标准模式编辑"按钮 退出蒙版模式。按下快捷键 Ctrl+Shift+I 反选选区，再按下 Ctrl+L 快捷键对选区进行色阶调整。最后按下 Ctrl+D 快捷键取消选区。用同样的方法再调整脸部和其他背光部分，效果如图 37-4 所示。至此，本实例制作完成。

图37-3

图37-4

038 增强照片的局部色彩

Before

After

本例中原照片本身给人一种很温馨的感觉，但是该照片中的主体物——花束却没能很好地体现。可通过调整其局部的色彩来达到主次分明的效果。在实际应用中需要注意照片整体色调的处理。

主要使用功能： 钢笔工具、色彩平衡命令、图层蒙版、可选颜色命令、画笔工具等。

最终文件路径： Chapter4\38增强照片的局部色彩 \ Complete\增强照片的局部色彩.psd。

拍摄技巧：

在拍摄中突出主体的方法有：

(1) 将主体安排在画面的显著位置，如画面正中偏左或偏右的位置。

(2) 宾体的视线集中在主体上，就能很自然地把观众的视线引向主体，这是一种由宾体间接突出主体的方法。

(3) 利用线条透视的汇聚作用，把主体放在灭点上，这样即使灭点不在结构中心上，也能把观众的视线引向主体。

(4) 镜头靠近主体拍摄，使主体形象看起来较大，利用大与小的对比来突出主体。

(5) 布光应以主体为主，可将光线集中在主体上，使环境变暗，通过明暗影调的对比来突出主体。

(6) 主体形象完整，有动势，利用动与静的对比来吸引观众的视线。

(7) 在色彩的使用上，可以利用色彩的对比现象，比如红与绿，紫与黄，橙与青这类补色的对比来突出主体。

(8) 用小景深使主体清晰，宾体和背景模糊，以虚实的对比突出主体。

01 执行"文件 > 打开"命令，在弹出的对话框中，选择本书配套光盘中 Chapter4\38增强照片的局部色彩 \Media\001.jpg 文件，单击"打开"按钮打开素材文件，如图 38-1 所示。将"背景"图层拖移至"创建新图层"按钮 🔲 上，复制"背景"图层，得到"背景副本"图层，如图 38-2 所示。

图38-1

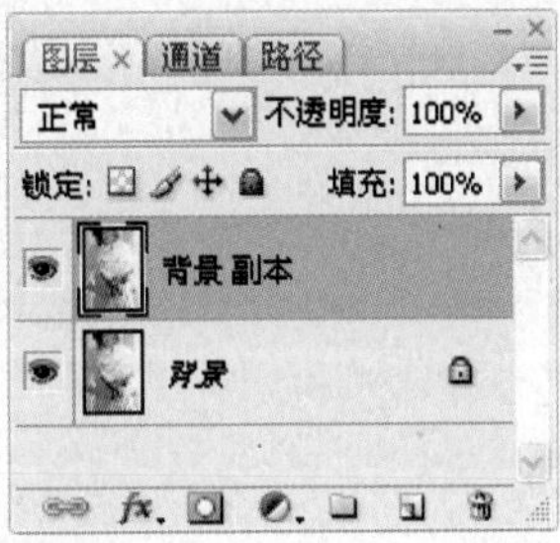

图38-2

02 选择"背景副本"图层，单击钢笔工具，在图像中花束的红色部分上新建工作路径，如图 38-3 所示。闭合路径后，选择"路径"面板，单击"将路径作为选区载入"按钮 ⭕，效果如图 38-4 所示。按下 Ctrl+J 键，复制选区得到"图层 1"，如图 38-5 所示。

图38-3

图38-4

图38-5

03 选择"图层 1"，执行"图像 > 调整 > 色彩平衡"命令，在弹出的对话框中分别设置"阴影"，"中间调"，"高光"码的参数来调整色彩，如图 38-6～图 39-8 所示。完成后单击"确定"按钮，效果如图 38-9 所示。

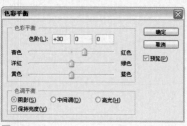

图38-6

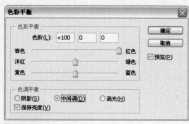

图38-7

图38-8

图38-9

04 选择"图层1",单击图层面板中的"添加图层蒙版"按钮 ，此时"图层"面板如图 38-10 所示。单击画笔工具 ，按下 D 键恢复前景色和背景色的默认设置，涂抹花束的丝带部分，效果如图 36-11 所示。

图38-10

图38-11

05 选择"背景副本"图层，执行"图像 > 调整 > 色彩平衡"命令，在弹出的对话框中分别设置"阴影"，"中间调"，"高光"的参数，调整图像的色彩，如图 38-12 ～ 图 39-14 所示。完成后单击"确定"按钮，效果如图 38-15 所示。

图38-12

图38-13

图38-14

图38-15

技巧提示：

这里除了用蒙版来隐藏花束丝带的图像范围外，还可以通过使用磁性套索工具或魔棒工具来快速选取。

06 选择"背景副本"图层，单击图层面板上的"创建新的填充或调整图层"按钮，在下拉菜单中选择"可选颜色"命令，在弹出对话框的"颜色"下拉列表中分别选择"黄色"、"绿色"、"白色"和"中性色"选项，并设置各项参数，重点突出花朵的色彩，如图38-16~图38-19所示，完成后单击"确定"按钮，效果如图38-20所示。

图38-16

图38-17

图38-18

图38-19

图38-20

07 选择"选取颜色1"图层，如图38-21所示。单击画笔工具，按下D键恢复前景色和背景色的默认设置，涂抹出除花束以外的人物及背景部分，效果如图38-22所示。至此，本实例制作完成。

图38-21

图38-22

039 修正偏白的照片

Before

After

本例中原照片的图像由于曝光和光线的问题导致照片整体偏白，使照片黯淡无光，可通过调整来改变偏白现状，赋予照片鲜艳的色彩。在实际应用中需要说明的是，应注意人物暗部与亮部的调整。

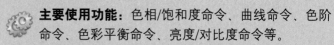 **主要使用功能：** 色相/饱和度命令、曲线命令、色阶命令、色彩平衡命令、亮度/对比度命令等。

最终文件路径： Chapter4\39修正偏白的照片\ Complete\修正偏白的照片.psd。

拍摄技巧：

拍摄者在选择曝光时，一般从以下四个方面考虑：

(1) 被摄物的态势是运动的还是静止的；

(2) 被摄物所处环境的光线明亮程度如何；

(3) 画面的主体是否要通过景深的控制进行取舍；

(4) 画面的整体基调、气氛是取暗舍亮，还是取亮舍暗，还是以中间灰为基调。

01 执行"文件 > 打开"命令，在弹出的对话框中，选择本书配套光盘中 Chapter4\39修正偏白的照片 \Media\001.jpg 文件，单击"打开"按钮打开素材文件，如图 39-1 所示。复制"背景"图层，得到"背景副本"图层，如图 39-2 所示。

图39-1

图39-2

02 选择"背景副本"图层，单击"创建新的填充或调整图层"按钮，在弹出的菜单中选择"色相/饱和度"命令，并在弹出的对话框中进行适当设置，如图 39-3 所示，完成后单击"确定"按钮，效果如图 39-4 所示。

图39-3

图39-4

03 单击"图层"面板上的"创建新的填充或调整图层"按钮，在下拉菜单中选择"曲线"命令，在弹出的对话框中设置各项参数，如图 39-5 所示，完成后单击"确定"按钮，效果如图 39-6 所示。

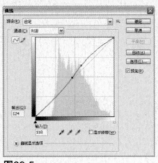

技巧提示：

新建调整图层还可以执行"图层>新建调整图层"命令，在它的下级菜单中选择所需命令。

调整图层是独立的图层，它的操作效果与图像调整中的调色命令是相同的，不同的是它的操作命令对其下所有的图层都有效，并且可以反复地对其进行操作而不会损坏原图像。

图39-5　　　　　　　图39-6

04 使用同样的方法执行"色阶"调整图层命令，并在弹出的对话框中设置各项参数，如图 39-7 所示，完成后单击"确定"按钮，效果如图 39-8 所示。

图39-7　　　　　　　图39-8

05 使用同样的方法执行"色彩平衡"调整图层命令，在弹出的对话框中设置"中间调"的参数，如图 39-9 所示，完成后单击"确定"按钮，效果如图 39-10 所示。

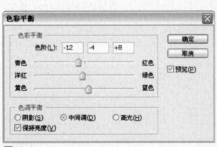

图39-9　　　　　　　图39-10

06 使用同样的方法执行"亮度/对比度"调整图层命令，在弹出的对话框中设置"对比度"为 +35，如图 39-11 所示，完成后单击"确定"按钮，效果如图 39-12 所示。至此，本实例制作完成。

图39-11　　　　　　　图39-12

040 修正偏色的照片

Before

After

　　本例中原照片是在黄昏时拍摄的，黄昏的环境光线影响了照片的色调，使照片整体发黄，需要调整色调使图像恢复原色。在实际应用中需要注意人物部分与背景部分的结合。

 主要使用功能： 色彩平衡命令、色相/饱和度命令、曲线命令、图层蒙版、画笔工具等。

最终文件路径： Chapter4\40修正偏色的照片\Complete\修正偏色的照片.psd。

拍摄技巧：

在黄昏及夜晚的照明情况下拍摄的照片，色温比较低，拍摄出的照片会偏红，这就需要在拍摄前调整好白平衡，以免发生类似情况。已拍摄的此类照片可以通过后期处理软件来恢复照片原本的色彩。

01 执行"文件 > 打开"命令，在弹出的对话框中，选择本书配套光盘中Chapter4\40修正偏色的照片 \Media\001.jpg 文件，单击"打开"按钮打开素材文件，如图 40-1 所示。将"背景"图层拖移至"创建新图层"按钮上，复制"背景"图层，得到"背景副本"图层，如图 40-2 所示。

图40-1

图40-2

02 选择"背景副本"图层，执行"图像 > 调整 > 色彩平衡"命令，在弹出的对话框中分别设置"阴影"，"中间调"，"高光"的参数，如图 40-3 ～图 40-5 所示，完成后单击"确定"按钮，效果如图 40-6 所示。

图40-3

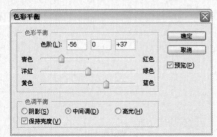

图40-4

技巧提示：

色彩平衡命令的快捷键为Ctrl+
B。

其中，"阴影"选项主要用于
调整图像暗部的颜色；"中间
调"选项用于调整图像的中间
调的颜色；"高光"选项用于
调整图像亮部的颜色。

图40-5

图40-6

03 选择"背景副本"图层，执行"图像 > 调整 > 色相 / 饱和度"命令，
在弹出的对话框中设置"饱和度"的参数为 -15，如图 40-7 所示，完成后单
击"确定"按钮，效果如图 40-8 所示。

图40-7

图40-8

04 选择"背景"图层，将"背景"图层拖移至"创建新图层"按钮 　 上，
复制"背景"图层，得到"背景副本 2"图层，如图 40-9 所示。单击"背
景副本"图层的"指示图层可视性"按钮　，隐藏"背景副本"图层，如图
40-10 所示。

图40-9

图40-10

05 选择"背景副本 2"图层，执行"图像 > 调整 > 曲线"命令，在弹出
的对话框中设置其参数调整背景图像的暗部颜色，如图 40-11 所示，完成后
单击"确定"按钮，效果如图 40-12 所示。

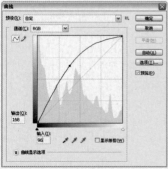

图40-11

图40-12

06 选择"背景副本2"图层，执行"图像＞调整＞色彩平衡"命令，在弹出的对话框中分别设置"中间调"、"高光"的参数，如图40-13、图41-14所示，完成后单击"确定"按钮，效果如图40-15所示。

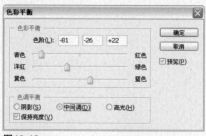

图40-13　　　　　　　　　　　　　　　图40-14

图40-15

07 选择"背景副本"图层，单击"背景副本"图层的"指示图层可视性"按钮👁，显示"背景副本"图层。单击"添加图层蒙版"按钮▣，此时"图层"面板如图40-16所示。单击画笔工具✐，按下 D 键恢复前景色和背景色的默认设置，涂抹图像背景部分，效果如图40-17所示。至此，本实例制作完成。

图40-16　　　　　　　　　　图40-17

技巧提示：

单击画笔工具后，在属性栏的右上角单击"切换画笔调板"按钮▣，在弹出的面板中可以设置画笔笔尖形状及状态，丰富了绘制的效果。

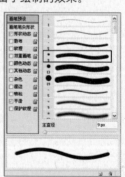

041 彩色照片变单色照片

Before

After

本例中原照片的色彩偏冷，和照片的背景环境不相符，可通过调整，将照片变为单色照片，来烘托照片的环境和主题。在实际应用中需要说明的是，调整色调时应注意偏差以免影响整体效果。

⚙ **主要使用功能：**渐变映射命令、通道混合器、USM锐化命令、色阶命令。

◎ **最终文件路径：**Chapter4\41彩色照片变单色照片\Complete\彩色照片变单色照片.psd。

拍摄技巧：

彩色照片除影调外还需注意色调，除明暗反差外还须注意色反差。画面以某一色调为主，这种色调就是这幅画面的基调。单色照片（这里指黑白照片）靠明暗影调来烘托并突出主体。

技巧提示：

渐变映射效果不仅能调整照片的黑白色调，还可以根据自己的喜好调出多种色彩的渐变效果。单击"渐变映射"对话框中的渐变颜色条，在弹出的"渐变编辑器"中选择自己喜欢的色彩，或者自定义颜色值对图像进行渐变调整。

01 执行"文件 > 打开"命令，在弹出的对话框中，选择本书配套光盘中Chapter4\41彩色照片变单色照片\Media\001.jpg 文件，单击"打开"按钮打开素材文件，如图 41-1 所示。

图41-1

02 按下 D 键恢复前景色和背景色的默认设置，单击图层面板上的"创建新的填充或调整图层"按钮 ◎，在下拉菜单中选择"渐变映射"命令，在弹出的对话框中设置由黑到白的渐变效果，如图 41-2 所示。完成后单击"确定"按钮效果如图 41-3 所示。

图41-2

图41-3

03 单击"图层"面板上的"创建新的填充或调整图层"按钮 ◎，在下拉菜单中选择"通道混合器"命令，在弹出的对话框中设置红色通道的参数，如图 41-4 所示，完成后单击"确定"按钮，效果如图 41-5 所示。

图41-4   图41-5

04 双击"通道混合器1"的图层缩览图，在弹出的对话框中设置绿色通道的参数，如图41-6所示。完成后单击"确定"按钮，效果如图41-7所示。

技巧提示：

把照片变成单色照片的方法有很多种，这里再介绍一种比较好用的方法。首先执行"图像 > 调整 > 去色"命令，对彩色照片进行去色处理，使其变成黑白照片。然后适当运用色阶命令调整照片的黑白灰关系。最后再运用色相 / 饱和度命令，在弹出的对话框中勾选"着色"复选框对照片进行上色处理即可。

图41-6   图41-7

05 选择"背景"图层，执行"滤镜 > 锐化 >USM 锐化"命令，在弹出的对话框中设置各项参数，如图41-8所示。完成后单击"确定"按钮，效果如图41-9所示。

图41-8   图41-9

06 选择"背景"图层，执行"图像 > 调整 > 色阶"命令，在弹出的对话框中设置各项参数，如图41-10所示。完成后单击"确定"按钮，效果如图41-11所示。至此，本实例制作完成。

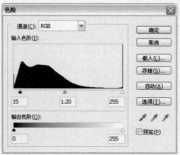

图41-10   图41-11

042 在照片中保留局部彩色效果

视频文件：Chapter4\42在照片中保留局部彩色效果.exe

Before

After

本例原照片中的花卉植物的颜色鲜艳亮丽，但没有体现出想要传达的信息，导致照片显得平庸。可以通过对照片局部进行调整和处理，让照片给人一种特殊的视觉效果，体现一种艺术风格，让人眼前一亮。

主要使用功能： 历史记录画笔工具、亮度/对比度命令、色相/饱和度命令等。

最终文件路径： Chapter4\42在照片中保留局部彩色效果\Complete\在照片中保留局部彩色效果.psd。

拍摄技巧：

镜头可尽量靠近所要拍摄的主体，以避免捕捉到多余的背景。

技巧提示：

使用历史记录画笔工具的时候，需要根据拍摄物体的清晰程度，来决定选用坚硬，还是柔和的画笔对图像进行处理。

01 执行"文件 > 打开"命令，打开本书配套光盘中 Chapter4\42 在照片中保留局部彩色效果 \Media\001.jpg 文件，如图 42-1 所示。复制"背景"图层，然后按下 Ctrl+Shift+U，对图像进行去色处理，效果如图 42-2 所示。

图42-1   图42-2

02 单击历史记录画笔工具 ，对花朵进行涂抹，恢复花朵图像的颜色，效果如图 42-3 所示。然后分别调整图像的"色相 / 饱和度"和"亮度 / 对比度"，让花朵的鲜艳程度更明显。效果如图 42-4 所示。至此，本实例制作完成。

图42-3   图42-4

043 模拟反转胶片效果

Before

After

本例中原照片的视觉效果清晰自然，但过于普通，可以为其添加一些特殊的视觉效果，使照片产生一种反转胶片的效果。

主要使用功能：通道、应用图像命令、色阶命令、色相/饱和度命令等。

最终文件路径：Chapter4\43模拟反转胶片效果\Complete\模拟反转胶片效果.psd。

拍摄技巧：

反转胶片效果可以大量运用在人物及静物图像中，这种效果可以使图像中的红色、绿色、蓝色、黄色变得很饱和，从而产生另一种视觉感受。在摄影中可直接使用反转胶片，经反转冲洗后获得正像。

技巧提示：

选择"蓝"通道后，可单击RGB通道的"指示通道可视性"按钮，从而观察图像的色彩变化。

01 执行"文件 > 打开"命令，在弹出的对话框中，选择本书配套光盘中Chapter4\43 模拟反转胶片效果 \Media\001.jpg 文件，单击"打开"按钮打开素材文件，如图 43-1 所示。将"背景"图层拖移至"创建新图层"按钮 上，复制"背景"图层，得到"背景副本"图层，如图 43-2 所示。再选择"通道"面板，单击"蓝"通道，此时"通道"面板如图 43-3 所示。

图43-1

图43-2

图43-3

02 执行"图像 > 应用图像"命令，在弹出的对话框中设置各项参数，如图 43-4 所示，完成后单击"确定"按钮，效果如图 43-5 所示。

图43-4

图43-5

03 选择"通道"面板的"绿"通道，执行"图像 > 应用图像"命令，在弹出的对话框中设置各项参数，如图 43-6 所示，完成后单击"确定"按钮，效果如图 43-7 所示。

技巧提示：

应用图像命令主要是在图像中利用图层图像并通过图层混合模式的设置来合成图像。在照片的处理中可以应用此命令合成不同的图像文件，得到特殊的艺术照片效果，多次尝试更会得到意想不到的效果。

在"应用图像"对话框中的"图层"下拉列表中可以选择不同的图层，来对不同图层的图像进行调整。

不同图像的色值也不相同，所以在设置参数的时候，要根据图片的色彩信息来决定参数的多少，不能够一概而论。

图43-6

图43-7

04 选择"通道"面板的"红"通道，执行"图像 > 应用图像"命令，在弹出的对话框中设置各项参数，如图 43-8 所示，完成后单击"确定"按钮，效果如图 43-9 所示。

图43-8

图43-9

05 选择"蓝"通道，执行"图像 > 调整 > 色阶"命令，在弹出的对话框中设置各项参数，如图 43-10 所示，完成后单击"确定"按钮，效果如图 43-11 所示。

技巧提示：

在使用色阶调整不同通道时，调整的参数值非常重要，不同通道设置的参数值直接影响该通道的色彩在图像中的应用比例。

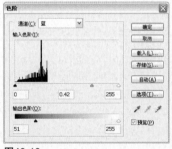
图43-10

图43-11

06 选择"绿"通道，执行"图像 > 调整 > 色阶"命令，在弹出的对话框中设置各项参数，如图 43-12 所示，完成后单击"确定"按钮，效果如图 43-13 所示。

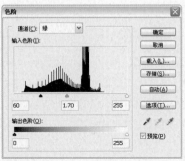
图43-12

图43-13

07 选择"红"通道，执行"图像 > 调整 > 色阶"命令，在弹出的对话框中设置各项参数，如图 43-14 所示，完成后单击"确定"按钮，效果如图 43-15 所示。返回"图层"面板，选择"背景"图层，效果如图 43-16 所示。

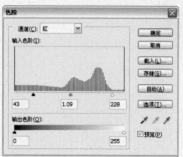  

图43-14　　　　　　图43-15　　　　图43-16

08 选择"背景副本"图层，执行"图像 > 调整 > 色相 / 饱和度"命令，在弹出的对话框中设置各项参数，如图 43-17 所示，完成后单击"确定"按钮，效果如图 43-18 所示。至此，本实例制作完成。

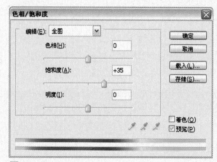 

图43-17　　　　　　图43-18

读书笔记

044 修复白平衡错误的照片

视频文件：Chapter4\44修复白平衡错误的照片.exe

Before

After

　　本例中原照片是在傍晚阴天的情况下拍摄的，雪景的白色反光影响了照片的效果，造成照片白平衡严重错误，需要对其进行调整，恢复景物原有的色彩。在实际操作中需要注意，要循序渐进地进行调整，并随时观察图像的变化。

主要使用功能： 亮度/对比度命令、色相/饱和度命令、曲线命令、色彩平衡命令等。

最终文件路径： Chapter4\44修复白平衡错误的照片\Complete\修复白平衡错误的照片.psd。

拍摄技巧：

白平衡是相机在拍摄时根据光照条件校正色彩，使之更接近人眼的视觉习惯的过程。大部分数码相机都提供了自动和手动调整白平衡两种功能。在拍摄时如果将相机的白平衡设置为 Auto（自动），相机会依据拍摄光线自动在一定的色温范围内校正白平衡。一般能自动校正的色相范围为2500k ~ 7000k，超出此范围，则需要使用手动白平衡。手动白平衡的调整一般具有室外、室内等模式。

技巧提示：

调整图像的时候注意每个步骤的合理调整，需多次反复地调整才能达到最佳的效果。

01 执行"文件 > 打开"命令，打开本书配套光盘中 Chapter4\44 修复白平衡错误的照片 \Media\001.jpg 文件，如图 44-1 所示。复制"背景"图层，并选择"背景副本"图层，单击"创建新的填充或调整图层"按钮 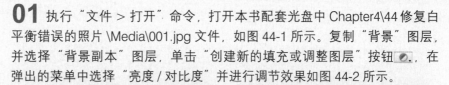，在弹出的菜单中选择"亮度 / 对比度"并进行调节效果如图 44-2 所示。

图44-1

图44-2

02 再多次单击"创建新的填充或调整图层"按钮 ，分别调节"曲线"、"色相 / 饱和度"。效果如图 44-3 所示。最后再调整"色彩平衡"，效果如图 44-4 所示。至此，本实例制作完成。

图44-3

图44-4

读书笔记

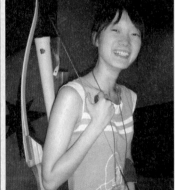

Chapter
05

人物照片的修饰与美化

本章主要针对人物照片中经常出现的一些瑕疵进行修复和美化。在日常生活的拍摄中，多是以人物照片为主，所以人物在照片中的地位举足轻重，人物的美观也就直接影响了照片的效果，但人毕竟不是完美的，在拍摄中或多或少都会现出一些小瑕疵，让人备受困绕。本章就针对这些问题一一进行解决，赋予照片人物美丽的容颜，并且通过本章的学习来了解更多工具的应用方法和技巧。

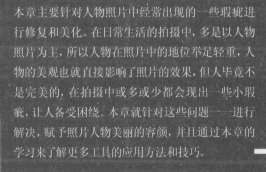

045 去除红眼

Before

After

　　本例中原照片由于是在夜间拍摄的，因此导致人物眼睛出现了红眼现象，影响了整体的美观，需要对其进行调整来去除人物的红眼。在实际应用中需要说明的是，在观察通道时，应选择人物眼部损伤最小的通道来进行调节。

主要使用功能：椭圆选框工具、应用图像命令、色阶命令等。

最终文件路径：Chapter5\45去除红眼\Complete\去除红眼.psd。

拍摄技巧：

　　有时，在室内拍摄时，由于光线比较暗，也会导致人物的眼睛出现红眼现象，影响了照片的美观。这时，就需要对其进行调整，去除人物的红眼。

　　数码相机一般都自带有去除红眼的功能，可以在室内拍摄的时候开启此功能，方便拍摄出比较完整的照片。

01 执行"文件 > 打开"命令，在弹出的对话框中，选择本书配套光盘中 Chapter5\45去除红眼 \Media\001.jpg 文件，单击"打开"按钮打开素材文件，如图 45-1 所示。单击椭圆选框工具 ，拖选出人物左边红眼部分，再按住 Shift 键，拖选人物右边红眼部分，如图 45-2 所示。

图45-1

图45-2

02 选择"通道"面板，分别查看各个通道的图像眼部位置，只有绿色通道很完整，其他两个通道都有损伤，此时图像如图 45-3 所示。单击 RGB 合成通道，此时"通道"面板如图 45-4 所示。

图45-3

图45-4

技巧提示：

去除红眼还可以通过工具箱中的红眼工具来完成。使用时，在属性栏中设置适当的瞳孔大小和变暗量，再单击红眼即可。

除了 Photoshop 外，还有许多软件可以进行红眼修复，根据需要进行选择即可。

03 执行"图像 > 应用图像"命令，在弹出的对话框中设置各项参数，如图 45-5 所示，完成后单击"确定"按钮，效果如图 45-6 所示。

图45-5

图45-6

04 按下快捷键 Ctrl+D 取消选区，选择"图层"面板，执行"图像 > 调整 > 色阶"命令，在弹出的对话框中设置参数来调整照片的亮度，如图 45-7 所示，完成后单击"确定"按钮，效果如图 45-8 所示。至此，本实例制作完成。

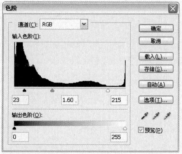

图45-7

图45-8

读书笔记

046 去除面部的雀斑

Before

After

本例原照片中人物面部的雀斑影响了人物的效果，可去除人物面部雀斑来美化人物的形象。在实际应用中需要说明的是，在调节整体亮度时，可先合并图层再进行调整。

主要使用功能： 高斯模糊滤镜、图层蒙版、加深工具、USM锐化滤镜、可选颜色命令、色相/饱和度命令、色阶命令等。

最终文件路径： Chapter5\46去除面部的雀斑\Complete\去除面部的雀斑.psd。

拍摄技巧：

在摄影中可以使用柔焦镜，它可以使画面产生柔和模糊的效果，从而有效遮盖粉刺、雀斑、痘痕及皱纹等。需要注意的是使用柔焦镜的同时也会减弱照片人物脸部的对比度和光泽感。

01 执行"文件 > 打开"命令，在弹出的对话框中，选择本书配套光盘中Chapter5\46去除面部的雀斑\Media\001.jpg 文件，单击"打开"按钮打开素材文件，如图 46-1 所示。将"背景"图层拖移至"创建新图层"按钮上，复制"背景"图层，得到"背景副本"图层，如图 46-2 所示。

图46-1

图46-2

02 选择"通道"面板，按住 Ctrl 键的同时，单击"红"通道，将图像载入选区，此时头发及瞳孔之外的区域被选取，如图 46-3 所示。返回"图层"面板，按下快捷键 Ctrl+J，复制选区得到"图层 1"，如图 46-4 所示。

图46-3

图46-4

03 选择"图层1"，执行"滤镜 > 模糊 > 高斯模糊"命令，在弹出的对话框中设置"半径"为"10"像素，如图46-5所示，完成后单击"确定"按钮，效果如图45-6所示。

图46-5　　　　　　　　　　　　图46-6

技巧提示：

在对人物皮肤进行光滑处理时，可以先选择除去五官的皮肤图像，适当进行羽化处理后，再运用模糊滤镜对其进行光滑处理，这样效果会很自然。

04 选择"图层1"，单击"添加图层蒙版" 按钮，再单击画笔工具，按下D键恢复前景色和背景色的默认设置，涂抹出人物五官、头发脖子，以及部分的衣服，此时，"图层"面板如图46-7所示，效果如图46-8所示。

图46-7　　　　　　　　　　　　图46-8

05 选择"背景 副本"图层，单击加深工具，按下D键恢复前景色和背景色的默认设置，在属性栏中设置各项参数，如图46-9所示。在图像中进行涂抹，加深人物五官及头发的颜色，效果如图46-10所示。

图46-9　　　　　　　　　　　　图46-10

06 选择"背景 副本"图层，执行"滤镜 > 锐化 >USM 锐化"命令，在弹出的对话框中设置其参数，如图46-11所示。完成后单击"确定"按钮，效果如图46-12所示。

技巧提示：

加深工具顾名思义主要是对图像的颜色进行加深，同时又保留了图像的特征，主要在照片处理中加深照片的局部颜色，从而达到局部变暗的效果。

技巧提示：

如果需要对图像的局部进行锐化处理时，还可以通过单击锐化工具来完成，但是需要注意的是不能过度锐化，否则会造成图像失真。

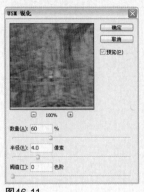
图46-11

图46-12

07 按住 Ctrl 键的同时单击"图层 1"，将图像载入选区。单击套索工具 ，按住 Alt 键的同时圈选人物面部来取消面部选区，效果如图 46-13 所示。再按下 Ctrl+J 键，复制选区，得到"图层 2"，如图 46-14 所示。

图46-13

图46-14

08 选择"图层 2"，执行"图像 > 调整 > 可选颜色"命令，在弹出对话框的"颜色"下拉列表中分别选择"黄色"和"绿色"选项，并设置相应的各项参数，如图 46-15 和图 47-16 所示，完成后单击"确定"按钮，效果如图 46-17 所示。

图46-15

图46-16

图46-17

09 执行"图像 > 调整 > 色相 / 饱和度"命令，在弹出的对话框中设置其"饱和度"为 +20，如图 46-18 所示，完成后单击"确定"按钮，效果如图 46-19 所示。

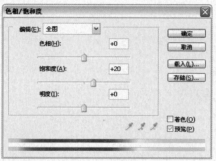
图46-18

图46-19

10 选择"图层 2"，单击"添加图层蒙版" 按钮，单击画笔工具 ，按下 D 键恢复前景色和背景色的默认设置，涂抹出人物的头发及衣服上的皮毛部分，此时"图层"面板如图 46-20 所示，效果如图 46-21 所示。

图46-20

图46-21

11 按下快捷键 Shift+Ctrl+E，合并可见图层，执行"图像 > 调整 > 色阶"命令，在弹出的对话框中设置各项参数来增强照片的亮度，如图 46-22 所示，完成后单击"确定"按钮，效果如图 46-23 所示。至此，本实例制作完成。

技巧提示：
这里对脸部的雀斑调整好以后，还可以通过各种调整命令，让皮肤看起来光泽、通透。

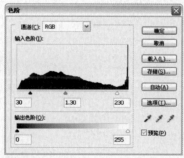
图46-22

图46-23

047 去除面部的油光

　　本例中原照片由于是在晚上拍摄的，再加上强烈的闪光灯效果，导致人物面部出现了明显油光，影响了人物的美感，需要对其进行调整来去除面部的油光。在实际应用中需要说明的是，在进行处理时一定要保留在人物面部的高光。

　　主要使用功能：仿制图章工具、色阶命令、图层蒙版等。

　　最终文件路径：Chapter5\47去除面部的油光\Complete\去除面部的油光.psd。

拍摄技巧：

日常生活中的照片，有的角度构图都十分不错，却因油光让照片多了一丝美中不足。因此，在拍摄时，除去天然的原因，应避免光照过强或过弱，并合理使用闪光灯。

01 执行"文件 > 打开"命令，在弹出的对话框中，选择本书配套光盘中Chapter5\47去除面部的油光 \Media\001.jpg 文件，单击"打开"按钮打开素材文件，如图 47-1 所示。将"背景"图层拖移至"创建新图层"按钮上，复制"背景"图层，得到"背景副本"图层，如图 47-2 所示。

图47-1　　　　　　　　　　图47-2

02 选择"背景副本"图层，单击仿制图章工具，在属性栏中设置各项参数，如图 47-3 所示。按住 Alt 键的同时单击来吸取没有油光的皮肤部分，松开 Alt 键，再单击修复有油光的部分，效果如图 47-4 所示。

技巧提示：

在对脸部局部地方进行修复处理时，我们可以通过缩放工具来放大局部图像。按下快捷键Ctrl+"+"放大图像，按下快捷键Ctrl+"-"缩小图像。在图像放大时，可以通过按住空格键不放，切换到抓手工具，方便地移动图像的位置，来更好地进行修复。

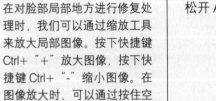

图47-3

图47-4

03 执行"图像 > 调整 > 色阶"命令，在弹出的对话框中设置参数来调整照片的亮度，如图 47-5 所示。完成后单击"确定"按钮，效果如图 47-6 所示。

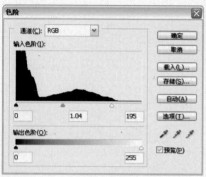

图47-5　　　　　　　　　　　　图47-6

04 选择"背景副本"图层，单击"添加图层蒙版"按钮 ，单击画笔工具 ，按下 D 键恢复前景色和背景色的默认设置，在属性栏中设置各项参数，如图 47-7 所示再涂抹出人物面部高光部分，使照片显得更为真实，效果如图 47-8 所示。

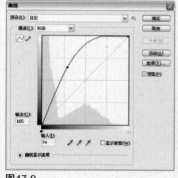

图47-7　　　　　　　　　　　　图47-8

05 选择"背景"图层，执行"图像 > 调整 > 曲线"命令，在弹出的对话框中设置参数来调整人物面部高光，如图 47-9 所示，完成后单击"确定"按钮，效果如图 47-10 所示。至此，本实例制作完成。

技巧提示：
对皮肤的油光进行处理以后，我们还可以运用其他调整命令来对图像的整体颜色和色调进行调整，以使图像更完美。

图47-9　　　　　　　　　　　　图47-10

048 去除面部的皱纹

Before

After

　　本例原照片中人物的面部表情过于丰富，导致眼角尾部产生了一些细纹，影响了照片中人物的美观。需要去除人物眼角的皱纹来进一步美化照片。在实际应用中需要说明的是，在使用修复画笔工具和仿制图章工具时要注意与脸部皮肤的一致。

 主要使用功能： 套索工具、修复画笔工具、仿制图章工具、快取选择工具、色阶命令、可选颜色命令等。

 最终文件路径： Chapter5\48去除面部的皱纹\Complete\去除面部的皱纹.psd。

拍摄技巧：

在拍摄照片时，人物会有各种各样丰富的表情，这会使照片生动有趣。但同时，也会不自觉地出现面部的表情纹。近距离的拍摄会使表情纹显现得更加明显，所以在需要拍摄人物特写的时候，一定要注意脸部的表情纹。

技巧提示：

准确地对需要修复的区域创建选区，能使修复更有针对性，避免对周围图像的误操作。

01 执行"文件 > 打开"命令，在弹出的对话框中，选择本书配套光盘中Chapter5\48去除面部的皱纹 \Media\001.jpg 文件，单击"打开"按钮打开素材文件，如图 48-1 所示。将"背景"图层拖移至"创建新图层"按钮 上，复制"背景"图层，得到"背景副本"图层，如图 48-2 所示。

图48-1

图48-2

02 单击套索工具 ，在人物的脸部圈选皱纹部分，如图 48-3 所示。按下快捷键Ctrl+Alt+D来羽化选区，在弹出对话框中将"羽化半径"设置为 5 像素，如图 48-4 所示。完成后单击"确定"按钮。

图48-3

图48-4

03 单击修复画笔工具 ，按住 Alt 键的同时单击图像来吸取脸部周围的颜色，然后松开 Alt 键在选区内进行涂抹，完成后按下快捷键 Ctrl+D 取消选区，效果如图 48-5 所示。单击仿制图章工具 ，在属性栏中设置各项参数，如图 48-6 所示。

图48-5　　　　　　　　图48-6

04 在人物脸部按住 Alt 键吸取颜色，松开 Alt 键后在皱纹边缘进行涂抹，反复操作后，效果如图 48-7 所示。重复操作步骤 2～步骤 4，使用同样的方法对人物脸部其他出现皱纹的位置进行反复仔细的操作，效果如图 48-8 所示。

图48-7　　　　　　　　图48-8

05 单击快速选择工具，选取照片中的人物，如图 48-9 所示。按下快捷键 Ctrl+Alt+D，在弹出的"羽化"对话框中将"羽化半径"设置为 10 像素，如图 48-10 所示，完成后单击"确定"按钮。

图48-9　　　　　　　　图48-10

06 执行"图像 > 调整 > 色阶"命令，在弹出的对话框中设置参数来调整照片的亮度，如图 48-11 所示，完成后单击"确定"按钮，效果如图 48-12 所示。

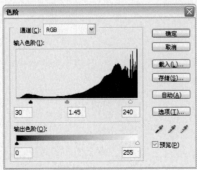

图48-11　　　　　　　　图48-12

技巧提示：

还可以执行"选择 > 反向"命令，来反选选区。

07 按下快捷键 Shift+Ctrl+I，反向选择人物背景部分，执行"图像 > 调整 > 可选颜色"命令，在弹出对话框的"颜色"下拉列表中分别选择"黄色"和"绿色"选项，并设置其参数，如图 48-13 和 49-14 所示。完成后单击"确定"按钮，效果如图 48-15 所示。

图48-13

图48-14

图48-15

08 执行"图像 > 调整 > 色相 / 饱和度"命令，在弹出的对话框中设置"饱和度"为 +20，如图 48-16 所示。完成后单击"确定"按钮。按下快捷键 Ctrl+D 取消选区，效果如图 48-17 所示。至此，本实例制作完成。

图48-16

图48-17

049 去除腰部多余的赘肉

Before

After

　　本例中原照片人物的腰部有些偏胖，影响了照片的整体效果，需要对其进行处理和调整来美化照片。在实际应用中需要说明的是，在给人物瘦身的时候，不能为了美化人物而过度调整，应该符合人物的身体结构。

主要使用功能： 液化命令、修复画笔工具、加深工具、可选颜色命令等。

最终文件路径： Chapter5\49去除腰部多余的赘肉 \Complete\去除腰部多余的赘肉.psd。

拍摄技巧：

所谓姿势即人物所表现出的体态和动作。姿势在人物相片中有着同面部表情同等重要的地位。特别是在全身相的拍摄中尤为重要。

站姿是最常被采用的姿势。身材较胖的人在被拍摄时可以选择侧立，或拍摄者在角度的抓取上采用自下而上的低角度拍摄，也可让人的身材显得修长。

01 执行"文件 > 打开"命令，在弹出的对话框中，选择本书配套光盘中Chapter5\49 去除腰部多余的赘肉 \Media\001.jpg 文件，单击"打开"按钮打开素材文件，如图 49-1 所示。执行"滤镜 > 液化"命令，在弹出的对话框中设置各项参数，如图 49-2 所示。

图49-1

图49-2

技巧提示：

液化滤镜可以对所选图像的局部进行任意扭曲变形，操作的自由度非常高，大都用于对人物的表情及局部形体的扭曲及重塑上，在运用时要细心把握所变形的程度，不能太过于夸张，失去图像本来的意义。

02 选择"向前变形"工具，把人物脸部、腰部需瘦身的地方从外缘向内侧拖动，完成后单击"确定"按钮。效果如图 49-3 所示。单击修复画笔工具，按住 Alt 键的同时单击来吸取要修改部分周围的颜色，松开 Alt 键，在修改部分进行涂抹，使其达到自然的效果，效果如图 49-4 所示。

图49-3

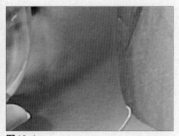
图49-4

技巧提示：

加深工具主要在照片处理中加深照片的部分颜色，从而达到局部变暗的效果，同时又保留了图像的特征。

03 单击加深工具 ，在属性栏中设置其参数，如图 49-5 所示。加深图像衣服泛白的部分，效果如图 49-6 所示。

图49-5   图49-6

04 执行"图像 > 调整 > 可选颜色"命令，在弹出对话框的"颜色"下拉列表中分别选择"绿色"、"蓝色"和"黑色"选项，并设置其参数，如图 49-7 ～图 49-9 所示。完成后单击"确定"按钮，效果如图 49-10 所示。

图49-7   图49-8

图49-9   图49-10

05 复制"背景"图层，得到"背景副本"图层，如图 49-11 所示。再对"背景副本"图层执行"滤镜 > 液化"命令，适当对腰部再进行调整，使腰部更苗条，完成后单击"确定"按钮，效果如图 49-12 所示。至此，本实例制作完成。

图49-11   图49-12

050 修正正面闭眼的照片

Before

After

本例中原照片人物在拍摄过程中无意识地闭了眼睛，影响了人物的效果，同时也影响了照片的使用。可以用同一人物的另一张完好的照片来修补。在实际应用中需要注意的是，修正时应注意眼睛部分要与原照片相吻合，使照片效果更为自然。

主要使用功能： 套索工具、移动工具、自由变换工具、模糊工具、曲线命令、可选颜色命令等。

最终文件路径： Chapter5\50修正正面闭眼的照片\Complete\修正正面闭眼的照片.psd。

拍摄技巧：

一般来说，在拍摄时，我们都会注意到人物的表情状态。

日常生活中，会产生很多不经意的表情效果，可以通过拍摄记录下这一瞬间的表情，彰显独特的魅力。当然也要保证足够快的快门速度，否则很容易像本例中原照片一样，拍摄者没有照顾到人物的情绪，所以在瞬间记录下的是一张不完整的照片。

技巧提示：

在合成人物五官的时候，并不是同一人物的每张照片都可以拿来使用。一定要注意两张图像中人物的位置和表情是否相似，否则合成后的效果就会不自然。而且颜色和光线来源也很重要，必须一致，合成效果才会真实要达到。

01 执行"文件 > 打开"命令，在弹出的对话框中，选择本书配套光盘中 Chapter5\50修正正面闭眼的照片 \Media\001.jpg 文件，单击"打开"按钮打开素材文件，如图 50-1 所示。再将"背景"图层拖移至"创建新图层"按钮 上，复制"背景"图层，得到"背景副本"图层，如图 50-2 所示。再次执行"文件 > 打开"命令，在弹出的对话框中，选择本书配套光盘中 Chapter5\50修正正面闭眼的照片 \Media\002.jpg 文件，单击"打开"按钮打开素材文件，如图 50-3 所示。

图50-1

图50-2

图50-3

02 单击套索工具 ，圈选素材文件 002.jpg 中人物的右眼部分，如图 50-4 所示。再单击移动工具 ，将选区部分拖至素材文件 001.jpg 中，自动生成"图层 1"，如图 50-5 所示。

图50-4

图50-5

03 选择"图层1"，按下快捷键 Ctrl+T，显示自由变换框，如图50-6所示。适当调整眼睛图像的大小产倾斜，完成后按下 Enter 键确定。然后再选择移动工具，将图像放置在合适的位置是，效果如图50-7所示。

图50-6　　　　　　　　图50-7

04 选择"图层1"，执行"图像 > 调整 > 曲线"命令，在弹出的对话框中设置参数使人物眼睛和皮肤的亮度更为接近，如图50-8所示，完成后单击"确定"按钮，效果如图50-9所示。

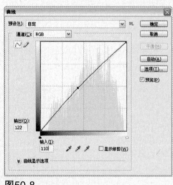 

图50-8　　　　　　　　图50-9

05 继续选择"图层1"，单击模糊工具，在属性栏中设置其参数，如图50-10所示，涂抹眼部边缘，使其更自然，效果如图50-11所示。

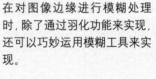

图50-10　　　　　　　　图50-11

06 选择素材文件 002.jpg，参照前面的操作，来完成人物图像左眼的合成，会自动生成"图层2"，如图50-12所示。选择"图层2"，执行"图像 > 调整 > 曲线"命令，在弹出的对话框中设置参数使人物眼睛和皮肤的亮度更为接近，如图50-13所示，完成后单击"确定"按钮，效果如图50-14所示。

技巧提示：
在对图像边缘进行模糊处理时，除了通过羽化功能来实现，还可以巧妙运用模糊工具来实现。

技巧提示：

在合成左眼的时候，同样要注意合成的角度和位置。同时需要注意两只眼睛之间的距离和比例问题。

图50-12

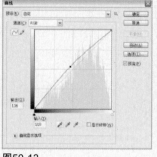
图50-13

图50-14

07 选择"图层2"，执行"图像 > 调整 > 色相/饱和度"命令，在弹出的对话框中设置饱和度及明度，如图50-15所示，完成后单击"确定"按钮，效果如图50-16所示。

图50-15

图50-16

08 继续选择"图层2"，单击模糊工具，在属性栏中设置其参数，如图50-17所示，涂抹眼部边缘，使其更自然，效果如图50-18所示。

图50-18

画笔：30　模式：正常　强度：100%
图50-17

09 选择"背景副本"图层，单击"图层"面板上的"创建新的填充或调整图层"按钮，在下拉菜单中选择"可选颜色"命令，在弹出对话框的"颜色"下拉列表中选择"红色"选项，并设置各项参数，如图50-19所示，完成后单击"确定"按钮，如图50-20所示。

图50-19

图50-20

技巧提示：

在运用可选颜色命令时，最好选择色彩分布明显且色相差异比较大的图像，这样，可以增强局部色彩的饱和度，同时改变图像的色相，体现可选颜色的针对性。

10 双击"选取颜色1"图层的图层缩览图，在弹出对话框的"颜色"下拉列表中选择"黄色"选项，并设置各项参数，如图50-21所示，完成后单击"确定"按钮，如图50-22所示。

图50-21

图50-22

11 双击"选取颜色1"图层的图层缩览图，在弹出对话框的颜色"下拉列表中分别选择"绿色"和"黑色"选项，并设置各项参数，如图50-23，图50-24所示，完成后单击"确定"按钮，如图50-25所示。至此，本实例制作完成。

图50-23

图50-24

图50-25

读书笔记

051　改变脸型

视频文件：Chapter5\51改变脸型.exe

Before

After

　　本例原照片中的人物形象甜美，但美中不足的是由于正面拍摄使脸部略显过大，可以通过缩小脸部轮廓来改变人物的脸型，使照片达到更好的视觉效果。在实际应用中需要注意的是，在液化人物脸部时，一定要按照人物的轮廓来进行调整。

主要使用功能：液化命令、色阶命令、色彩平衡命令等。

最终文件路径：Chapter5\51改变脸型\Complete\改变脸型.psd。

拍摄技巧：

每个人的外形都是各有特点，脸型也是如此。一般情况下平角度正面拍摄，会使人物面部显得过平过大，视觉效果不够好。这时，拍摄者可以采用左侧45°、右侧45°、左侧面、右侧面、高角度和低角度等不同的拍摄角度，突出人物的线条，使照片更加丰富。

技巧提示：

在使用液化命令时，按住 Alt 键的同时对已修改的图像进行涂抹，图像可以恢复原状。

01 执行"文件 > 打开"命令，选择本书配套光盘中 Chapter5\51改变脸型 \Media\001.jpg 文件，单击"打开"按钮打开素材文件。复制"背景"图层，得到"背景副本"图层。再对"背景副本"图层，执行"液化"命令，选择向前变形工具，并如图 51-1 所示进行设置，把脸部轮廓从外缘向内侧拖动，缩小脸型。然后，执行"图像 > 调整 > 色阶"命令，并进行适当设置，如图 51-2 所示。效果如图 51-3 所示。

图51-1

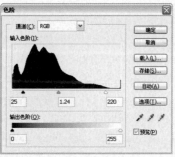
图51-2

图51-3

02 选择"背景副本"图层，执行"图像 > 调整 > 色彩平衡"命令，在弹出的对话框中设置"阴影"和"中间调"的参数，如图 51-4 和图 51-5 所示。效果如图 51-6 所示。至此，本实例制作完成。

图51-4

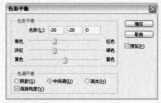
图51-5

图51-6

052 减淡黑眼圈

视频文件：Chapter5\52减淡黑眼圈.exe

Before

After

　　本例中原照片是一张人物头部的特写照，人物脸部的各个细节都记录得非常清楚，可以明显地看出人物的黑眼圈非常严重，影响了照片的效果。可以通过处理，减淡人物的黑眼圈。在实际应用中需要注意的是，在调整人物黑眼圈时不能过度，以免给人以不真实的感觉。

主要使用功能：修补工具、仿制图章工具、画笔工具等。

最终文件路径：Chapter 5\52减淡黑眼圈\Complete\减淡黑眼圈.psd。

拍摄技巧：

在拍摄人物特写时，尽量采取仰视或在光线强的环境下拍摄，俯视或光线弱的环境更容易加重和突出人物的黑眼圈和眼袋。

01 执行"文件 > 打开"命令，打开本书配套光盘中 Chapter5\52 减淡黑眼圈 \Media\001.jpg 文件，如图 52-1 所示。复制"背景"图层，选择"背景副本"图层，单击修补工具选取光滑的皮肤拖动到黑眼圈位置对两只眼睛进行修补，效果如图 52-2 所示。

图52-1

图52-2

技巧提示：

在使用画笔工具的时候最好选择柔和的画笔，并调整不透明度。一般，不透明度选择 53% 时，应用在人物脸上最自然，可根据人物的皮肤做出相应调整。皮肤越白皙不透明度越高，但一般最好低于 50%。

02 单击仿制图章工具，在属性栏中将"不透明度"设置为 50%，选用柔角画笔，按住 Alt 键的同时单击吸取皮肤光滑的地方，松开 Alt 键，对不自然的地方进行修补，如图 52-3 所示。完成后，用同样的方法调整另外一只眼睛，最后效果如图 52-4 所示。至此，本实例制作完成。

图52-3

图52-4

053 增长睫毛

Before

After

　　本例中原照片人物是一个侧面角度，可以为其添加一些睫毛，使眼睛变得更加亮丽有神，人物更加锦上添花。在增添睫毛时要注意符合人物眼部结构，使效果更加真实。

主要使用功能：画笔工具、套索工具、色阶命令等。

最终文件路径：Chapter5\53增长睫毛\Complete\增长睫毛.psd。

拍摄技巧：
在面部特写的照片中，人物的眼睛是照片的重点部分。眼部的表现能使照片更有生机和活力。

01 执行"文件 > 打开"命令，在弹出的对话框中，选择本书配套光盘中Chapter5\53增长睫毛\Media\001.jpg文件，单击"打开"按钮打开素材文件，如图53-1所示。将"背景"图层拖移至"创建新图层"按钮 上，复制"背景"图层，得到"背景副本"图层，如图53-2所示。

图53-1

图53-2

02 单击"创建新图层"按钮 ，得到"图层1"，如图53-3所示。单击画笔工具 ，按下D键恢复前景色和背景色的默认设置，然后在属性栏中将笔触设置为"沙丘草"，如图53-4所示。

图53-3

画笔 模式：正常 不透明度：100% 流量：100%
图53-4

技巧提示：

单击工作界面右上角的"切换画笔调板"按钮 ⊡ 也可打开画笔面板。

技巧提示：

这里绘制睫毛时，一定要注意画笔的方向要和睫毛的生长方向吻合。

03 执行"窗口 > 画笔"命令，在弹出的画笔预设栏中，设置各项参数，如图 53-5 ～ 图 53-7 所示。放大人物眼部，为其绘制睫毛，并不断地调整画笔的大小及翻转角度，使效果更加自然。效果如图 53-8 所示。

图53-5　　　　　　　　图53-6

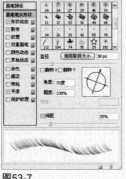

图53-7　　　　　　　　图53-8

04 单击套索工具 ，在属性栏中设置其参数，如图 53-9 所示，拖选出睫毛根部不整齐的部分，如图 53-10 所示。按下 Delete 键删除选区，再按下快捷键 Ctrl+D，取消选区。效果如图 53-11 所示。

图53-9

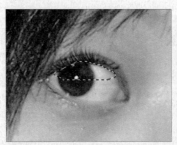

图53-10　　　　　　　　图53-11

05 单击画笔工具 ，在画笔预设栏中设置适当的画笔大小及翻转角度，如图 53-12 所示。然后绘制下睫毛，并用与前面同样的方法删除睫毛根部不整齐的部分。效果如图 53-13 所示。

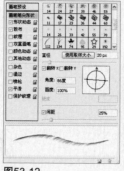
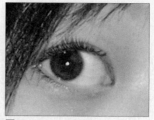

图53-12　　　　　图53-13

06 单击"创建新图层"按钮，得到"图层2"，单击画笔工具，在画笔预设栏中设置画笔大小及翻转角度，如图53-14所示，绘制人物左眼的睫毛，效果如图53-15所示。

技巧提示：

在绘制睫毛的时候，需要注意调整画笔的方向和画笔的大小。

为了使添加的睫毛更加真实，在添加的过程中要不断调节画笔的大小，使睫毛错落有致。

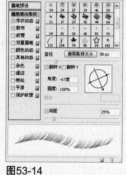

图53-14　　　　　图53-15

07 单击画笔工具，在画笔预设栏中设置画笔大小及翻转角度，如图53-16所示，绘制下睫毛，并用同样的方法删除睫毛根部不整齐的部分，效果如图53-17所示。

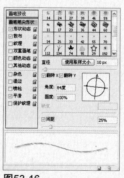

图53-16　　　　　图53-17

08 选择"背景副本"图层，执行"图像 > 调整 > 色阶"命令，在弹出的对话框中设置其参数，如图53-18所示，完成后单击"确定"按钮，效果如图53-19所示。至此，本实例制作完成。

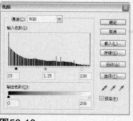
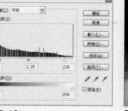

图53-18　　　　　图53-19

054 美化双唇

Before

After

　　本例中原照片人物的脸部黯淡无光，为了使其有更好的视觉效果，可以美化人物的脸部和双唇来为人物增加亮点。在实际应用中需要说明的是，美化人物双唇时，应注意与脸部的色调相吻合。

主要使用功能： 色相/饱和度命令、阈值命令、混合模式、高斯模糊命令、色阶命令等。

最终文件路径： Chapter5\54美化双唇\Complete\美化双唇.psd。

拍摄技巧：

在拍摄时，每个人都有最适合自己的角度，或正或侧。一般，如果想要加强脸部轮廓，突出鼻梁的话，最好拍摄全侧面或侧面45°角；如果想要掩饰宽大的额头，最好不要选择高角度，而是选择低角度进行拍摄。

01 执行"文件 > 打开"命令，在弹出的对话框中，选择本书配套光盘中Chapter5\54美化双唇 \Media\001.jpg 文件,单击"打开"按钮打开素材文件，如图 54-1 所示。复制"背景"图层,得到"背景副本"图层,如图 54-2 所示。

图54-1

图54-2

02 选择"通道"面板，单击"绿"通道，将"绿"通道拖移至"创建新通道"按钮 上，复制"绿"通道，得到"绿副本"通道，如图 54-3 所示。单击画笔工具，按下 D 键恢复前景色和背景色的默认设置，将人物嘴唇以外的部分涂黑，如图 54-4 所示。

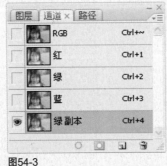
图54-3

图54-4

03 执行"图像 > 调整 > 亮度 / 对比度"命令，在弹出的对话框中设置参数，如图 54-5 所示。完成后单击"确定"按钮，效果如图 54-6 所示。

图54-5　　　　　图54-6

技巧提示：

可将灰度或彩色图像转换为高对比度的黑白图像。可指定某个色阶作为阈值，所有比阈值亮的像素会转换为白色，而所有比阈值的像素转换为黑色。

04 复制"绿副本"通道，得到"绿副本 2"通道，如图 54-7 所示。执行"图像 > 调整 > 阈值"命令，在弹出的对话框中设置"阈值色阶"为 135，如图 54-8 所示，完成后单击"确定"按钮，效果如图 54-9 所示。

图54-7　　　　　图54-8　　　　　　　　　图54-9

05 按住 Ctrl 键的同时单击"绿副本 2"通道的通道缩览图，将图像载入选区。返回"图层"面板，单击"背景副本"图层，此时图像如图 54-10 所示。按下快捷键 Ctrl+J，复制选区得到"图层 1"，如图 54-11 所示。

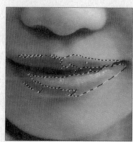
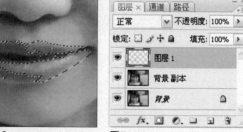

图54-10　　　　　图54-11

06 按住 Ctrl 键的同时单击"图层 1"的图层缩览图，将图像载入选区，将前景色设置为白色，按下 Alt+Delete 键填充选区，如图 54-12 所示。再选择"图层 1"，并在"图层"面板混合模式的下拉列表中选择"柔光"，如图 54-13 所示，效果如图 54-14 所示。

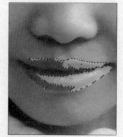

图54-12　　　　　图54-13　　　　　　　　图54-14

07 选择"通道"面板，单击"绿副本 2"通道，执行"图像 > 调整 > 阈值"命令，在弹出的对话框中设置"阈值色阶"为 220，如图 54-15 所示，完成后单击"确定"按钮，效果如图54-16所示。

图54-15 图54-16

08 返回"图层"面板，单击"图层1"，此时图像如图54-17所示。按下快捷键Ctrl+J，复制选区得到"图层2"，如图54-18所示。效果如图54-19所示。

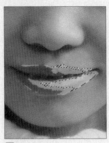

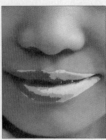

图54-17 图54-18 图54-19

技巧提示：

高斯模糊命令可以很好地将图像的边缘模糊化，在合成图像或者需要将图像边缘制作出朦胧的效果时，可以使用此项功能。

09 选择"图层1"，执行"滤镜 > 模糊 > 高斯模糊"命令，在弹出的对话框中将"半径"设置为6.5像素，如图54-20所示。完成后单击"确定"按钮，效果如图54-21所示。

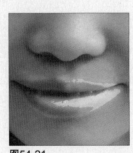

图54-20 图54-21

10 选择"图层2"，执行"滤镜 > 模糊 > 高斯模糊"命令，在弹出的对话框中将"半径"设置为2像素，如图54-22所示。完成后单击"确定"按钮，效果如图54-23所示。再在"图层"面板中不透明度设置为70%，效果如图54-24所示。

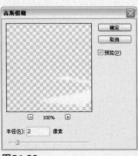
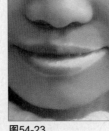

图54-22 图54-23 图54-24

技巧提示:

在使用橡皮擦工具擦除多余的图像时，一定要注意选择柔边的画笔样式，这样，处理后的图像可以很好地与周围的图像相融合。

11 单击橡皮擦工具，分别选择"图层 1"和"图层 2"，擦除嘴唇周围多余的亮光部分，效果如图 54-25 所示。选择"背景副本"图层，执行"图像 > 调整 > 色阶"命令，在弹出的对话框中设置 RGB 通道和"红"通道的参数，如图 54-26 和图 55-27 所示，效果如图 54-28 所示。至此，本实例制作完成。

图54-25

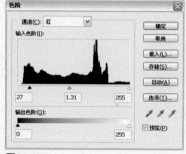

图54-26

图54-27

图54-28

读书笔记

055 增添魅力妆容

视频文件：Chapter5\55增添魅力妆容.exe

Before

After

本例中原照片人物本身没有妆容，为了使人物看起来更加靓丽，可以为其添加一些淡彩妆容，更加美化人物。在调整过程中注意要根据人物所处的环境来适当添加妆容，不要过分浓艳。

主要使用功能：画笔工具、钢笔工具等。

最终文件路径：Chapter5\55增添魅力妆容 \Complete\增添魅力妆容.psd。

拍摄技巧：

为了使人物更加靓丽有神，可以在拍摄时选择一些光线比较好的环境，并提前调整好相机的状态。

技巧提示：

使用画笔工具描绘眼影的时候，不要在整个眼睛上全部铺满颜色。在中间部分可以留一些空白。这样比较自然。

01 执行"文件 > 打开"命令，打开本书配套光盘中 Chapter5\55增添魅力妆容 \Media\001.jpg 文件，如图 55-1 所示。复制"背景"图层，然后新建"图层 1"，选择所需颜色，使用画笔工具为人物绘制眼影，效果如图 55-2 所示。

图55-1

图55-2

02 设置"图层 1"的"不透明度"为 28%，效果如图 55-3 所示。然后使用画笔工具，绘制上睫毛，并适当运用高斯模糊滤镜，效果如图 55-4 所示。然后使用前面所讲的方法对人物眼部进行处理，并为嘴唇添加颜色，且更改图层混合模式为"亮度"。最后再使用画笔工具绘制出眼部亮光，并更改"不透明度"为 22%，效果如图 55-5 所示。至此，本实例制作完成。

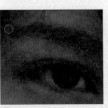

图55-3

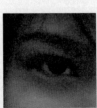

图55-4

图55-5

056 美白皮肤

视频文件：Chapter5\56美白皮肤.exe

Before

After

　　本例原照片中的人物由于处于背光状态，致使人物皮肤偏黑，严重影响了照片的美感。可以通过调整来美白人物的皮肤，使照片更加美观。在调整中需要注意的是，在美白人物皮肤时，不能调整得过亮，以免产生不真实感。

主要使用功能：快速蒙版模式、亮度/对比度命令等。

最终文件路径：Chapter5\56美白皮肤\Complete\美白皮肤.psd。

拍摄技巧：

在拍摄时，尽量避免在人物处于背光的环境下进行拍摄，最好在光线充足的环境下拍摄。

技巧提示：

使用快速蒙版进行编辑时，如不小心将不需要选择的地方涂抹到，可使用橡皮擦工具进行涂抹来还原。

01 执行"文件 > 打开"命令，打开本书配套光盘中 Chapter5\56美白皮肤 \Media\001.jpg 文件，如图 56-1 所示。复制"背景"图层，并选择"背景副本"图层，单击"以快速蒙版模式编辑"按钮，使用柔角画笔对人物脸部及脖子进行涂抹，再单击"以标准模式编辑"按钮，并按下快捷键 Ctrl+Shift+I 反选选区，再按下 Ctrl+J 复制选区，得到"图层 1"，此时效果如图 56-2 所示。

图56-1

图56-2

02 选择"图层 1"，按下快捷键 Ctrl+L 使用色阶命令对人物脸部进行调整，效果如图 56-3 所示。然后再使用"亮度 / 对比度"调整图层命令来使人物的肤色更加自然、完美，效果如图 56-4 所示。至此，本实例制作完成。

图56-3

图56-4

057 美白光洁牙齿

Before

After

本例中原照片人物本身非常自然，但是美中不足的是人物的牙齿有些偏黄，影响了照片的整体效果。可以通过调整来完善。在实际应用中需要说明的是，除了调整牙齿本身洁白以外，还要注意整张照片的色调和光线。

主要使用功能： 套索工具、色相/饱和度命令、色阶命令等。

最终文件路径： Chapter5\57美白光洁牙齿\Complete\美白光洁牙齿.psd。

拍摄技巧：

一般来说，很难保证每个人都有一口洁白光泽的牙齿，特别是在拍照时，很容易影响整体效果。

美好的笑容会给照片增添一种魅力。可以通过一定的后期处理改善牙齿的状况。因此，在拍摄时，大家无须顾忌，可自信地对着镜头展现自己最美丽的笑容。

01 执行"文件 > 打开"命令，在弹出的对话框中，选择本书配套光盘中Chapter5\57美白光洁牙齿\Media\001.jpg文件，单击"打开"按钮打开素材文件，如图57-1所示。将"背景"图层拖移至"创建新图层"按钮 上，复制"背景"图层，得到"背景副本"图层，如图57-2所示。

图57-1　　　　图57-2

02 选择"背景副本"图层，放大显示牙齿图像部分，再单击套索工具，在属性栏中设置"羽化"值为2px，如图57-3所示，拖选出人物牙齿部分，如图57-4所示。

图57-3

图57-4

03 执行"图像 > 调整 > 色相 / 饱和度"命令，在弹出的对话框中设置"编辑"为"黄色"，并设置其"饱和度"为-80，如图57-5所示。完成后单击"确定"按钮，效果如图57-6所示。

图57-5

图57-6

04 再执行 "图像 > 调整 > 色相 / 饱和度" 命令，在弹出的对话框中设置为编辑 "全图"，并设置其 "明度" 为 +35，如图 57-7 所示。完成后单击 "确定" 按钮，效果如图 57-8 所示。

图57-7

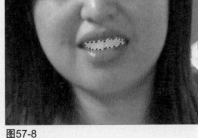

图57-8

05 按下快捷键 Ctrl+D，取消选区。执行 "图像 > 调整 > 色阶" 命令，在弹出的对话框中设置各项参数来调整图像亮度，如图 57-9 所示，完成后单击 "确定" 按钮，效果如图 57-10 所示。至此，本实例制作完成。

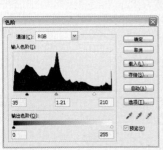

图57-9

图57-10

058 制作迷人的微笑

视频文件：Chapter5\58制作迷人的微笑.exe

Before

After

　　本例原照片中的人物笑容比较生硬，影响了照片的整体气氛，可以通过调整赋予人物一张和谐的笑脸，在实际操作中需要注意的是，在使用滤镜的时候不要液化过度，以免效果生硬牵强。

主要使用功能：液化命令。

最终文件路径：Chapter5\58制作迷人的微笑\Complete\制作迷人的微笑.psd。

拍摄技巧：

在拍摄前，要调动人物的情绪，尽量捕捉人物的微笑瞬间。拍摄的快门速度也应较快，以免笑容在脸上停滞久了而显得生硬。

01 执行"文件 > 打开"命令，打开本书配套光盘中 Chapter5\58制作迷人的微笑\Media\001.jpg 文件，如图 58-1 所示。复制"背景"图层，并选择"背景副本"图层，执行"滤镜 > 液化"命令，在弹出的对话框中单击使用向前变形工具，将人物嘴角向上，上唇向下进行液化处理，效果如图 58-2 所示。

图58-1

图58-2

技巧提示：

使用以"冻结蒙版编辑"如果不小心将不需要选择的地方涂抹到，用"解冻蒙版工具"涂抹便能恢复。注意在微笑时，嘴角不仅会上浮，两颊也会有相应的上浮，而下颚却会往下。

02 复制"背景副本"图层，并对"背景副本 2"执行"滤镜 > 液化"命令，使用冻结蒙版工具，对需要调整的脸部区域以外的部分进行涂抹，如图 58-3 所示。然后再使用向前变形工具，将微笑时会带动的两颊往上调整，下颚往下调整，最终效果如图 58-4 所示。至此，本实例制作完成。

图58-3

图58-4

059 突出闪亮的双眼

视频文件：Chapter5\59突出闪亮的双眼.exe

Before

After

　　本例原照片中的人物俏皮可爱，但是双眼充满倦容，为了能够更加突出双眼，可以添加一些特殊效果。实际操作中需要注意的是，在液化眼睛的时候要结合人物脸部的比例结构，以免造成人物五官不协调。

主要使用功能： 仿制图章工具、液化命令等。

最终文件路径： Chapter5\59突出闪亮的双眼 \Complete\突出闪亮的双眼.psd。

拍摄技巧：

在拍摄中为了能够更加突出双眼，可以采取镜头朝下，人物脸部向上仰的拍摄视角，这样就可以拍出脸小眼睛很大的照片效果。

01 执行"文件 > 打开"命令，打开本书配套光盘中 Chapter5\59突出闪亮的双眼 \Media\001.jpg 文件，如图 59-1 所示。复制"背景"图层，得到"背景副本"图层，选择"背景副本"图层，然后使用仿制图章工具修复有黑眼圈的图像区域，如图 59-2 所示。

图59-1

图59-2

02 使用液化滤镜中的向前变形工具 ，将人物眼睛部分向上调整，再使用膨胀工具 ，扩大眼珠。新建图层，然后单击画笔工具 ，绘制出睫毛并执行高斯模糊滤镜命令，效果如图 59-3 所示。再使用减淡工具 对眼珠高光部分进行减淡处理，新建图层，并适当设置前景色，使用画笔工具 绘制出星形。最后再适当使用色阶命令调整即可，效果如图 59-4 所示。

技巧提示：

使用膨胀工具的时候，在眼睛图像上按住鼠标右键不动，眼睛就会向外膨胀，但是按住时间不能过长，否则就会造成人物失真。

使用减淡工具的时候，应先将照片放大，以便看清眼球内的高光位置。然后再将画笔置于高光处用最小直径轻轻描绘。

图59-3

图59-4

150

060 为皮肤添加纹身

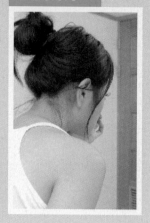
Before

After

本例原照片中人物的造型和拍摄位置有些欠佳，画面的整体效果不理想，可以为皮肤添加纹身，使平淡的照片增添一丝个性的元素。在实际应用中需要说明的是，添加纹身图案时一定要注意使纹身与人物皮肤相协调，使它更为自然真实。

主要使用功能：魔棒工具、移动工具、自由变换命令、高斯模糊滤镜、高反差保留命令、曲线命令、色阶命令等。

最终文件路径：Chapter5\60为皮肤添加纹身\Complete\为皮肤添加纹身.psd。

拍摄技巧：

在拍摄人物照片时，尽量不要拍摄人物的背影，如果无法避免或者是特别需要的情况下，拍摄的场景一定要非常讲究，要能够突出照片的环境气氛，达到一种意境。

技巧提示：

纹身的图案可根据个人喜好随意进行选择。

01 执行"文件 > 打开"命令，在弹出的对话框中，选择本书配套光盘中Chapter5\60为皮肤添加纹身\Media\001.jpg 文件，单击"打开"按钮打开素材文件，如图 60-1 所示。复制"背景"图层，得到"背景副本"图层，如图 57-2 所示。再次执行"文件 > 打开"命令，在弹出的对话框中，选择本书配套光盘中 Chapter5\60为皮肤添加纹身\Media\002.jpg 文件，单击"打开"按钮打开素材文件，如图 60-3 所示。

图60-1

图60-2

图60-3

02 选择 002.jpg 文件，单击魔棒工具，并在属性栏中设置其参数，如图 60-4 所示，单击选择图像黑色部分，建立选区，如图 60-5 所示。

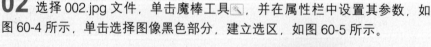
图60-4

图60-5

03 单击移动工具 ，将选中的图像拖移至 001.jpg 文件中，自动生成 "图层 1"，如图 60-6 所示，效果如图 60-7 所示。再选择 "图层 1"，按下快捷键 Ctrl+T，对 "图层 1" 执行自由变换命令。适当调整图像的大小并旋转，然后放置在合适的位置上。完成后按下 Enter 键确定，效果如图 60-8 所示。

图60-6　　　　　　图60-7　　　　　　图60-8

04 选择 "图层 1"，执行 "滤镜 > 模糊 > 高斯模糊" 命令，在弹出的对话框中设置 "半径" 为 2.5 像素，如图 60-9 所示。完成后单击 "确定" 按钮，效果如图 60-10 所示。

图60-9　　　　　　图60-10

05 执行 "滤镜 > 其他 > 高反差保留" 命令，在弹出的对话框中设置 "半径" 为 28 像素，如图 60-11 所示。完成后单击 "确定" 按钮，效果如图 60-12 所示。

图60-11　　　　　　图60-12

06 执行 "图像 > 调整 > 曲线" 命令，在弹出的对话框中分别设置 "绿" 通道和 "蓝" 通道的参数，如图 60-13 和图 60-14 所示，完成后单击 "确定" 按钮，效果如图 60-15 所示。

技巧提示:

在调整纹身的颜色时,一定要
注意与皮肤颜色相协调,否则
看起来会比较生硬。

技巧提示:

适当添加一些杂色效果,可以
让纹身效果更自然。

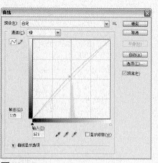

图60-13

图60-14

图60-15

07 执行"滤镜 > 杂色 > 添加杂色"命令,在弹出的对话框中设置"数量"
为 21.27%,如图 60-16 所示,完成后单击"确定"按钮,效果如图 60-17 所示。

图60-16

图60-17

08 选择"背景副本"图层,执行"图像 > 调整 > 色阶"命令,在弹出
的对话框中设置各项参数来调整图像色调,如图 60-18 所示,完成后单
击"确定"按钮,效果如图 60-19 所示。至此,本实例制作完成。

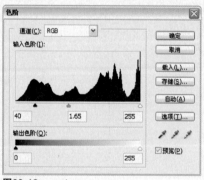

图60-18

图60-19

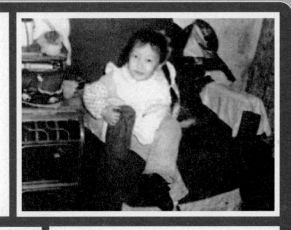

Chapter
06

数码照片的高级修复技巧

本章主要对老照片进行修复，使原本褪色或缺失的照片恢复昔日的光彩。本章几乎涵盖了所有老照片和缺陷照片的常见问题。通过本章的学习，可以更加深刻地体会Photoshop的强大修复功能，学习更多的知识，让您轻松修复问题照片。

061 修复照片的划痕

视频文件：Chapter6\61修复照片的划痕.exe

Before

After

　　本例中原照片是多年前的老照片，由于存放原因导致照片上出现一些划痕，可以通过调整来修复照片的划痕。对于老照片还可以进行一些艺术化处理，使儿时的老照片更具有纪念意义。在实际应用中需要注意老照片与一般照片相比，在处理方式及效果上的区别。

 主要使用功能： 历史记录画笔工具、高斯模糊命令、仿制图章工具、USM锐化命令、可选颜色命令、色阶命令等。

 最终文件路径： Chapter 6\61修复照片的划痕\Complete\修复照片的划痕.psd。

拍摄技巧：

在拍摄人物照片时，可让模特预先摆好姿势，再进行拍摄，这样可使拍摄更加准确。

01 执行"文件 > 打开"命令，打开本书配套光盘中Chapter6\61修复照片的划痕\Media\001.jpg素材文件。执行"高斯模糊"命令，效果如图61-1所示。打开"历史记录"面板。选择"历史记录选项"，并在弹出的对话框中勾选"允许非线性历史记录"复选框。选择"历史记录"面板，并将"高斯模糊"栏设置为历史记录画笔的源。如图61-2所示。

图61-1　　　　　　　　　　图61-2

02 此时图像恢复到原始状态。使用历史记录画笔工具，在图像的划痕处涂抹并用仿制图章工具修复墙壁上的裂痕。执行"滤镜 > 艺术效果 > 底纹效果"命令，如图61-3所示。选择"历史记录"面板，将"打开"栏设置为历史记录画笔的源，并用历史纪录画笔涂抹出人物部分，效果如图61-4所示。最后再利用"USM锐化"，"可选颜色""色阶"命令调整图像，效果如图61-5所示。至此，本实例制作完成。

图61-3　　　　　　　　图61-4　　　　　　　　图61-5

062 修复照片的油渍

视频文件：Chapter6\62修复照片的油渍.exe

 Before

 After

　　本例中原照片上有明显的油渍，而且人物也很模糊，影响了照片的美观，可以对其进行修复，并绘制一些可爱的图案，使照片生动有趣。

 主要使用功能：仿制图章工具、智能锐化命令、描边命令等。

 最终文件路径：Chapter 6\62修复照片的油渍\Complete\修复照片的油渍.psd。

拍摄技巧：

在室内拍摄人物照片时，要注意环境光线对人物的影响。将相机设置为室内拍摄模式时，拍摄的照片多少会有些模糊，这时，就需要拍摄者在拍摄时要稳住，避免相机晃动，可借助使用三角架。

技巧提示：

在修复图像面积较大时，建议使用仿制图章工具而面积小的地方可结合使用修补工具。

技巧提示：

将模糊的照片清晰化时，需注意对人物的眼睛进行单独的锐化处理。

01 执行"文件 > 打开"命令，打开本书配套光盘中 Chapter6\62 修复照片的油渍 \Media\001.jpg 文件，如图 62-1 所示。复制"背景"图层，得到"背景副本"图层，选择"背景副本"图层，单击仿制图章工具，对油渍处进行修复，效果如图 62-2 所示。

图62-1　　　　　　　　　　　图62-2

02 执行菜单中的"滤镜 > 锐化 > 智能锐化"命令，对图像进行调整，效果如图 62-3 所示。新建"图层 1"，调整前景色，并单击自定形状工具并选择"会话 1"形状在图像中进行绘制，并进行描边处理，再翻转图像，然后进行自由变换调整图像大小。继续使用自定形状工具来添加图案，并使用文本工具添加符号，最终效果如图 62-4 所示。至此，本实例制作完成。

图62-3　　　　　　　　　　　图62-4

063 修复照片的水渍

Before

After

本例中原照片由于存放不当导致照片被水浸渍，破坏了照片的整体效果，也不利于照片的保存。可以通过处理修复水渍，恢复照片的原貌。在实际应用中需要说明的是，应该注意修复部分与原照片的颜色是否相协调。

主要使用功能：仿制图章工具、修补工具、可选颜色命令、USM锐化命令等。

最终文件路径：Chapter6\63修复照片的水渍 \ Complete\修复照片的水渍.psd。

拍摄技巧：

在拍摄人物照片的时候，要尽可能的靠近被拍摄者，来通过镜头仔细的观察模特，这样可以将注意力全部集中在模特身上，拍摄出好的照片。

01 执行"文件 > 打开"命令，在弹出的对话框中，选择本书配套光盘中Chapter6\63 修复照片的水渍 Media\001.jpg 文件，单击"打开"按钮打开素材文件，如图 63-1 所示。将"背景"图层拖移至"创建新图层"按钮 🔲 上，复制"背景"图层，得到"背景副本"图层，如图 63-2 所示。选择"背景副本"图层，单击仿制图章工具 🖳，按住 Alt 键的同时，单击吸取地板图像未损伤的部分，松开 Alt 键，涂抹被损坏部分，反复操作后效果如图 63-3 所示。

图63-1

图63-2

图63-3

技巧提示：

在对图像进行处理时，根据图像的受损情况来选择适合的修复工具。这里选择修补工具，修补工具在修复的同时，能将样本像素的纹理、光照和阴影与源像素进行匹配，这样就可以使修复好的效果更自然。

02 单击修补工具 🔘，在图像中，拖选出需要进行细节修复的区域，如图 63-4 所示，将其拖至要替换的像素图像区域，反复操作，效果如图 63-5 所示。

图63-4

图63-5

03 执行"图像 > 调整 > 可选颜色"命令，在弹出的对话框中分别选择"红色"、"黄色"和"黑色"选项，并设置各自相应的参数，如图 63-6 ~ 图 63-8 所示。完成后单击"确定"按钮，效果如图 63-9 所示。

图63-6

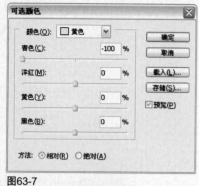

图63-7

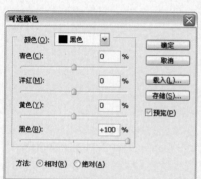

图63-8

图63-9

04 执行"滤镜 > 锐化 >USM 锐化"命令，在弹出的对话框中设置各项参数，如图 63-10 所示，完成后单击"确定"按钮，效果如图 63-11 所示。至此，本实例制作完成。

图63-10

图63-11

064 修复照片中色彩的局部偏差

Before

After

本例中原照片在色彩上出现了局部的偏差，可以对其进行局部色彩调整来修复偏差。在实际应用中需要说明的是，应注意照片整体色彩的调整。

 主要使用功能：套索工具、可选颜色命令、仿制图章工具、色阶命令、加深工具等。

 最终文件路径：Chapter 6\64修复照片中色彩的局部偏差\Complete\修复照片中色彩的局部偏差.psd。

拍摄技巧：

想要拍摄色彩鲜艳、清晰的照片，一般应将快门设置为 1/30秒，如果快门速度在 1/125 秒以上，就可以更加放心地进行拍摄。

01 执行"文件 > 打开"命令，在弹出的对话框中，选择本书配套光盘中Chapter6\64 修复照片中色彩的局部偏差 \Media\001.jpg 文件，单击"打开"按钮打开素材文件，如图 64-1 所示。将"背景"图层拖移至"创建新图层"按钮 ![按钮] 上，复制"背景"图层，得到"背景副本"图层，如图 64-2 所示。

图64-1   图64-2

技巧提示：

羽化选区，可以使图像的边缘更柔和。

02 选择"背景副本"图层，单击套索工具![套索]，圈选出图像中植物的偏色区域，按下快捷键 Ctrl+Alt+D 羽化选区，在弹出的对话框中设置"羽化半径"为 5 像素，如图 64-3 所示，完成后单击"确定"按钮。效果如图 64-4 所示。

羽化选区

羽化半径(R): 5 像素

图64-3   图64-4

03 执行"图像 > 调整 > 可选颜色"命令，在弹出的对话框中分别选择"红色"、"黄色"和"白色"选项，并设置各自相应的参数，如图 64-5 ～图

技巧提示：

全方位色彩的调整和统一也是修复偏色照片必需的一步。

64-7 所示。完成后单击"确定"按钮，并按下快捷键 Ctrl+D，取消选区，效果如图 64-8 所示。

图64-5

图64-6

图64-7

图64-8

技巧提示：

可以在套索工具的属性栏中设置羽化参数，羽化参数的大小决定选区内图像边缘的柔和度。

04 单击套索工具 ，圈选出图像人物部分的偏色区域，执行"图像 > 调整 > 可选颜色"命令，在弹出的对话框中分别选择"红色"和"黄色"选项，并设置各自相应的参数，如图 64-9 和图 64-10 所示。完成后单击"确定"按钮，并按下快捷键 Ctrl+D，取消选区，效果如图 64-11 所示。

图64-9

图64-10

图64-11

05 单击仿制图章工具 ，并在属性栏中设置其参数，如图 64-12 所示。按住 Alt 键的同时单击吸取偏色部分周围正常的部分，松开 Alt 键，再涂抹偏色部分的边缘部分，使其和未偏色部分融合。反复操作后效果如图 64-13 所示。

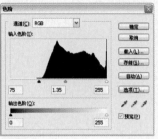

图64-12 　　　　　　　　　　　　　　　　　　　　图64-13

06 执行"图像 > 调整 > 色阶"命令，在弹出的对话框中设置各项参数，如图64-14 所示，完成后单击"确定"按钮，效果如图64-15 所示。

图64-14 　　　　　　　　　　　　　图64-15

07 执行"图像 > 调整 > 可选颜色"命令，在弹出的对话框中分别选择"红色"、"黄色"、"白色"和"中性色"选项，并设置各自相应的参数，如图64-16 ～图64-19 所示。完成后单击"确定"按钮，效果如图64-20 所示。单击加深工具 ，涂抹偏色部分，统一图像的颜色。效果如图61-21 所示。至此，本实例制作完成。

技巧提示：

加深工具属性栏的"范围"下拉列表中有三个选项可以选择。

阴影：调整图像中的暗调。

中间调：调整图像的中间色。

高光：调整图像的亮部。

图64-16 　　　　　　　　　　　　　图64-17

图64-18 　　　　　　　　　　　　　图64-19

图64-20 　　　　　　　　　　　　　图64-21

065 修补缺失的照片

视频文件：Chapter6\65修补缺失的照片.exe

Before

After

本例中原照片的右下角有明显被撕去的痕迹，导致照片残缺不全，严重影响照片美观，可以通过处理还原照片的破损部分，使照片美观。

主要使用功能： 仿制图章工具、亮度/对比度、色相/饱和度等。

最终文件路径： Chapter6\65修补缺失的照片\Complete\修补缺失的照片.psd。

拍摄技巧：

在拍摄时，有时会因为照片效果灰暗而苦恼，这主要是由曝光造成的，在拍摄人物照片的时候，曝光是一个很重要的因素，快门的开放时间直接影响着曝光的程度，在室外阴暗的天气条件下，快门的时间一般设置为1/15秒，就可以接收足够多的光；在晴天的时候，快门应设置为1/60秒或者1/80秒，以免曝光过度。

技巧提示：

修补的时候注意画笔大小的设置，修补完毕后，可以适当进行锐化处理。

01 执行"文件 > 打开"命令，打开本书配套光盘中Chapter6\65修补缺失照片\Media\001.jpg文件，如图65-1所示。复制"背景"图层，得到"背景副本"图层，选择"背景副本"图层，单击仿制图章工具 📷，对缺失处进行修补，效果如图65-2所示。

图65-1　　　　　　　　　图65-2

02 单击"创建新的填充或调整图层"按钮 ◐.，综合调节"色相 / 饱和度"，效果如图65-3所示。单击"创建新的填充或调整图层"按钮 ◐.，调节"亮度 / 对比度"，效果如图65-4所示。至此，本实例制作完成。

图65-3　　　　　　　　　图65-4

066 修复严重受损的照片

Before

After

　　本例中原照片由于保存不当，出现了损坏现象，需要对其损坏部分进行修复和调整，来完善照片。在实际应用中需要说明的是，因为有的地方已看不清楚原来的效果，可以根据自己的想像来对图像进行补充和完善。

 主要使用功能：套索工具、曲线命令、仿制图章工具、亮度/对比度、照片滤镜、可选颜色等。

 最终文件路径：Chapter 6\66修复严重受损的照片\Complete\修复严重受损的照片.psd。

拍摄技巧：

在拍摄人物照片的时候，并不一定要把全身都拍下来，可根据需要适当取景。取景时也应注意最好不要从人物的关节部分截取，尽量在关节以上的部分进行取景。

01 执行"文件 > 打开"命令，在弹出的对话框，选择本书配套光盘中Chapter6\66 修复严重受损的照片 \Media\001.jpg 文件，单击"打开"按钮打开素材文件，如图 66-1 所示。将"背景"图层拖移至"创建新图层"按钮 上，复制"背景"图层，得到"背景副本"图层，如图 66-2 所示。

图66-1

图66-2

02 选择"背景副本"图层，单击套索工具，圈选出一块未受损的天空图像区域，并按下快捷键 Ctrl+Alt+D 羽化选区，在弹出的对话框中设置"羽化半径"为 5 像素，如图 66-3 所示，完成后单击"确定"按钮。单击移动工具，按住 Alt 键的同时，将选区拖至需修复的部分，效果如图 66-4 所示。

图66-3

图66-4

03 单击仿制图章工具，并在属性栏中适当设置其参数，如图66-5所示，按住 Alt 键的同时单击，吸取未受损的水面图像，再松开 Alt 键，涂抹损坏的部分，反复操作后效果如图66-6所示。

图66-5　　　　　　　　　　　　　　　　　　图66-6

04 单击套索工具，圈选出人物受损部分，执行"图像 > 调整 > 曲线"命令，在弹出的对话框中设置各项参数，如图66-7所示，完成后单击"确定"按钮，并按下快捷键 Ctrl+D 取消选区，效果如图66-8所示。

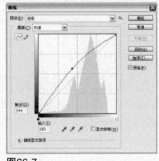

图66-7　　　　　　　　　　　图66-8

05 单击仿制图章工具，按住 Alt 键的同时单击来吸取人物衣服未受损的图像部分，再松开 Alt 键修复受损部分，反复仔细操作，效果如图66-9所示。执行"图像 > 调整 > 亮度 / 对比度"命令，在弹出的对话框中设置各项参数，如图66-10所示，完成后单击"确定"按钮，效果如图66-11所示。

图66-9　　　　　　　　图66-10　　　　　　　　图66-11

06 执行"图像 > 调整 > 照片滤镜"命令，在弹出的对话框中设置各项参数，如图66-12所示，完成后单击"确定"按钮，效果如图66-13所示。

图66-12　　　　　　　　　图66-13

技巧提示：

使用套索工具创建选区后，可以借助 Shift 键和 Alt 键来修改选区。

技巧提示：

亮度 / 对比度命令是调整图像中颜色的亮度和对比度，亮度的参数越大，图像的整体就越亮。对比度主要是指图像的亮部和暗部的反差，对比度参数越大，图像的高光部分和颜色对比就越强。

技巧提示：

"照片滤镜"对话框中的"保留亮度"选项，主要用于在调整的过程中保持原图像中的亮度。勾选该复选框后，可以在保持图像亮度的情况下应用"照片滤镜"命令。

07 执行"图像 > 调整 > 可选颜色"命令，在弹出的对话框中分别选择"绿色"、"白色"、"中性色"和"黑色"选项，并设置相应的各项参数，如图 66-14 ～图 66-17 所示。完成后单击"确定"按钮，效果如图 66-18 所示。

图66-14

图66-15

图66-16

图66-17

图66-18

08 单击仿制图章工具 ，修复衣服图案部分，再单击套索工具 ，圈选出人物衣服受损部分，执行"图像 > 调整 > 曲线"命令，在弹出的对话框中设置各项参数，如图 66-19 所示，完成后单击"确定"按钮，效果如图 66-20 所示。至此，本实例制作完成。

技巧提示：
套索工具的属性栏中有四个选项，可以进行选择来加选、减选选区。

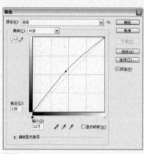
图66-19

图66-20

读书笔记

067 修复照片的颜色

视频文件：Chapter6\67修复照片的颜色.exe

Before

After

本例中原照片由于是在日落时分拍摄的，导致照片整体颜色不明显并且偏灰。可以通过调整图像还原颜色，并添加图案进行修饰。实际操作中需要注意颜色强弱的调节。

主要使用功能： 自定形状工具、色相/饱和度命令、可选颜色命令、波纹命令、描边命令等。

最终文件路径： Chapter 6\67修复照片的颜色\Complete\修复照片的颜色.psd。

拍摄技巧：

一般在光线不足的室外和室内都需要使用闪光灯，尤其是在逆光的情况下，使用闪光灯会使被摄人或物变亮，可避免出现本例的情况。在光线充足的情况下，当使用闪光灯且曝光补偿在 -1EV ~ -2EV 的情况下，还可以表现出特别的环境气氛。但由于闪光灯的光照亮大，又是瞬间产生光照，因此不容易掌握，需要多进行实践。

技巧提示：

在做最后细节处理的时候，可以选用不同的画笔绘制各种适合照片内容的图案或者输入各种文字，增加照片的趣味性。

01 执行"文件 > 打开"命令，打开本书配套光盘中 Chapter6\67 修复照片的颜色 \Media\001.jpg 文件，如图 67-1 所示。复制"背景"图层，得到"背景副本"图层。选择"背景副本"图层，单击"创建新的填充或调整图层"按钮 ，适当调整"亮度 / 对比度"、"色阶"，效果如图 67-2 所示。

图67-1

图67-2

02 单击"创建新的填充或调整图层"按钮 ，适当调整"色相 / 饱和度"、"可选颜色"，效果如图 67-3 所示。单击自定形状工具 ，绘制有色心形图案。应用波纹滤镜及描边命令来修饰图像，并调整图像的大小及位置。然后根据自己的喜好为心形添加各种表情。最后使用画笔工具在画面中绘制五角星图案，如图 67-4 所示。至此，本实例制作完成。

图67-3

图67-4

068 修复发黄的旧照片

视频文件：Chapter6\68修复发黄的旧照片.exe

Before

After

　　本例中原照片由于年代久远而显得陈旧，且人物背景模糊不堪，破损也比较严重，可以通过修复和处理来美化照片。在实际操作中需要注意的是，在使用仿制图章和修补工具的时候注意控制画笔大小，以达到理想的效果。

主要使用功能：仿制图章工具、修补工具、色相/饱和度命令、亮度/对比度命令等。

最终文件路径：Chapter 6\68修复发黄的旧照片\Complete\修复发黄的旧照片.psd。

拍摄技巧：

在拍摄照片以前，一定要调整好相机的快门速度，并考虑光线环境等因素，避免拍摄出模糊的图像，同样也影响照片的保存。

01 执行〝文件 > 打开〞命令，打开本书配套光盘中 Chapter 6/68 修复发黄的旧照片 \Media\001.jpg 文件，如图 68-1 所示。结合使用仿制图章工具 和修补工具 ，修复照片上的划痕与破损，并执行〝图像 > 调整 > 色相/饱和度〞命令来调整图像，效果如图 68-2 所示。

图68-1

图68-2

技巧提示：

可对老照片进行适当锐化处理，来校正模糊的图像，增强图像的边缘定义。但要注意不要锐化过度，以免照片失真。

02 单击〝创建新的填充或调整图层〞按钮 ，选择〝照片滤镜〞命令，对颜色进行调整，效果如图 68-3 所示。再使用〝亮度/对比度〞及〝色相/饱和度〞命令来调整图层。最后再执行〝图像 > 调整 > 色阶〞命令，调整颜色，效果如图 68-4 所示。至此，本实例制作完成。

图68-3

图68-4

069 修复照片中的合影人物

Before

After

　　本例中原照片是一张旧的合影照片，其中有的人物脸部图像出现了颜色偏差，影响了照片的效果，可以通过修复，使合影人物更加完整，同时也可提高照片的清晰度。在实际应用中需要说明的是，旧照片的修复需要仔细反复地进行操作，特别是小细节的修复，以免照片不真实。

主要使用功能： 仿制图章工具、修补工具、套索工具、曲线命令、USM锐化滤镜、色阶命令等。

最终文件路径： Chapter6\69修复照片中的合影人物\Complete\修复照片中的合影人物.psd。

拍摄技巧：

老照片会随着时间的推移变得黯淡失色，这都是在拍摄中无法控制的，但可以通过后期处理来修复照片中出现的问题和缺陷。

技巧提示：

在修复的时候，注意先修复照片中最重要的部分。这样效果会更明显。

01 执行"文件 > 打开"命令，在弹出的对话框中，选择本书配套光盘中Chapter6\69 修复照片中的合影人物 \Media\001.jpg 文件，单击"打开"按钮打开素材文件，如图 69-1 所示。复制"背景"图层，得到"背景副本"图层，如图 69-2 所示。

图69-1

图69-2

02 选择"背景副本"图层，单击仿制图章工具，按住 Alt 键的同时单击，吸取人物脸部未受损的图像部分，松开 Alt 键，涂抹被损坏部分，反复操作后效果如图 69-3 所示。单击修补工具，圈选出人物面部受损部分，并将其拖移至未受损的部分，反复修改，效果如图 69-4 所示。

图69-3

图69-4

03 单击套索工具，圈选出受损人物脸部，按下快捷键 Ctrl+Alt+D 羽化选区，在弹出的对话框中将其"羽化半径"设置为 5 像素，完成后单击"确定"按钮，效果如图 69-5 所示。

图69-5

04 执行"图像 > 调整 > 曲线"命令，在弹出的对话框中设置各项参数，如图 69-6 所示。完成后单击"确定"按钮，按下 Ctrl+D 取消选区，效果如图 69-7 所示。

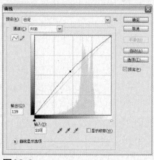

图69-6

图69-7

05 单击多边形套索工具，圈选出人物衣领部分，按下快捷键 Ctrl+Alt+D 羽化选区，在弹出的对话框中将"羽化半径"设置为 2 像素，如图 69-8 所示。完成后单击"确定"按钮，效果如图 69-9 所示。

图69-8

图69-9

06 执行"图像 > 调整 > 去色"命令，再执行"图像 > 调整 > 曲线"命令，在弹出的对话框中设置各项参数，如图 69-10 所示。完成后单击"确定"按钮，并按下快捷键 Ctrl+D 键，取消选区，效果如图 69-11 所示。

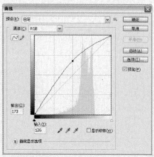

图69-10

图69-11

07 单击仿制图章工具,修复图像背景部分,按住 Alt 键的同时单击,吸取需修改部分周围未受损的色彩,松开 Alt 键修补图像背景,反复仔细操作,效果如图 69-12 所示。

图69-12

08 选择"背景副本",执行"滤镜 > 锐化 >USM 锐化"命令,在弹出的对话框中设置各项参数,如图 69-13 所示,完成后单击"确定"按钮,效果如图 69-14 所示。

图69-13

图69-14

09 执行"图像 > 调整 > 色阶"命令,在弹出的对话框中设置参数,如图 69-15 所示,完成后单击"确定"按钮,效果如图 69-16 所示。至此,本实例制作完成。

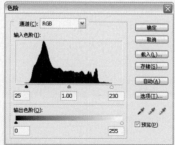

图69-15

图69-16

Chapter
07

风景照片的调色与特效制作

本章主要对风景照片进行各种色彩调整，并添加一些特效来强化照片的意境和气氛。在家庭日常生活中，一般都会拍摄一些风景或者人物景观照片来欣赏或者留念，但由于各种原因，有时这些照片会存在一些拍摄缺陷，通过本章的学习，让您可以轻松地处理有缺陷的风景照片，并通过颜色的特殊调整和处理来美化照片，让普通的风景照片变得更加生动有趣。

070 为人文风景照片调色

视频文件：Chapter7\70为人文风景照片调色.exe

Before

After

本例中原照片具有浓郁的人文风景气息，但美中不足的是照片的色彩偏暗，可以调整图像色彩，使其人文气息更加浓厚。在实际应用中需要注意的是，在裁剪图像时，应以人物为主，突出人物。

主要使用功能：快速选择工具、色彩平衡命令、色阶命令、曲线命令、裁剪工具等。

最终文件路径：Chapter7\70为人文风景照片调色\Complete\为人文风景照片调色.psd。

拍摄技巧：

风光摄影主要是将自然景观与人文景观作为拍摄主体，并着重记录其美妙之处，是抒发个人思想感情的一种创作活动。所以在拍摄的时候，要特别注意拍摄的气氛和环境。

01 执行"文件 > 打开"命令，打开本书配套光盘中 Chapter7\70 为人文风景照片调色 \Media\001.jpg 文件，如图 70-1 所示。复制"背景"图层，得到"背景副本"图层。选择"背景副本"图层，单击快速选择工具，将人物部分载入选区，如图 70-2 所示，按下 Ctrl+J 键复制选区图像，自动生成"图层 1"。再使用快速选择工具选择人物衣服部分，执行"图像 > 调整 > 色彩平衡"命令，在弹出的对话框中设置效果如图 70-3 所示。

图70-1

图70-2

图70-3

技巧提示：

在裁剪图像的时候，可以拖动裁剪框上的关键点来自由变换选区范围。

02 反选图像并调整图像的色阶，效果如图 70-4 所示，选择"背景副本"图层，调整"色彩平衡"及"曲线"然后再选择"图层 1"，执行"图像 > 调整 > 曲线"命令来进行调整，效果如图 70-5 所示。单击裁剪工具，对图像进行适当裁剪，最后图像如图 70-6 所示。至此，本实例制作完成。

图70-4

图70-5

图70-6

071 为景观照片调色

Before

After

　　本例中原照片的色彩非常暗淡，且层次不分明，景物模糊不清，需要对其进行调整使图像的色彩分明，富有层次感。在实际应用中需要说明的是，在对颜色进行调节的时候，要注意整体色彩的配合。

 主要使用功能： 曲线命令、色相/饱和度命令、可选颜色命令等。

 最终文件路径： Chapter 7\71为景观照片调色\Complete\为景观照片调色.psd。

拍摄技巧：

在拍摄时，光线的选择与运用直接关系到画面景物的造型、色彩乃至整体效果。因此必须仔细选择，认真对待。就风光摄影而言，多数人喜欢直射光，因为直射光明亮、有方向性，容易形成明暗反差，便于拍摄者根据自己的需要进行选择。而顺光的拍摄却难以形成明暗反差，不容易表现空间的深度与立体感。

01 执行"文件 > 打开"命令，在弹出的对话框中选择本书配套光盘中Chapter7\71为景观照片调色\Media\001.jpg 文件，单击"打开"按钮打开素材文件，如图 71-1 所示。复制"背景"图层，得到"背景副本"图层，如图 71-2 所示。

图71-1

图71-2

02 选择"背景副本"图层，执行"图像 > 调整 > 曲线"命令，在弹出的对话框中设置其参数，如图 71-3 所示。完成后单击"确定"按钮，效果如图 71-4 所示。

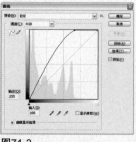
图71-3

图71-4

03 执行"图像 > 调整 > 色相 / 饱和度"命令，在弹出的对话框中选择编辑"绿色"并将"饱和度"设置为 +45,如图 71-5 所示,完成后单击"确定"按钮，效果如图 71-6 所示。

图71-5   图71-6

04 继续执行"图像 > 调整 > 色相 / 饱和度"命令，在弹出的对话框中分别编辑"红色"和"青色"，并将"饱和度"分别设置为 +30 和 +40，如图71-7 和 71-8 所示，完成后单击"确定"按钮，效果如图 71-9 所示。

图71-7   图71-8   图71-9

05 执行"图像 > 调整 > 可选颜色"命令，在弹出的对话框中分别选择"绿色"、"青色"和"蓝色"选项，并分别调整各自的参数，如图 71-10 ~ 图71-12 所示。完成后单击"确定"按钮，效果如图 71-13 所示。

技巧提示：

可选颜色命令对话框的"方法"选项区域中有两个选项分别是"相对"和"绝对"。

相对：选择此选项后，可以增加或减少色彩，"相对"按照总量的百分比更改现有的颜色量，它可以，保留原图像中的部分色彩和图像特征。

绝对：按绝对值调整颜色，可以把预定的色彩转变为精确的数值。

图71-10   图71-11

图71-12   图71-13

06 执行"图像 > 调整 > 色阶"命令，在弹出的对话框中分别设置 RGB 通道和"蓝"通道的各项参数，如图 71-14 和图 71-15 所示，完成后单击"确定"按钮，效果如图 71-16 所示。至此，本实例制作完成。

技巧提示：

在"色阶"对话框中也可以对不同的颜色通道分别进行调整。灵活运用该功能，调整的颜色效果会更好。

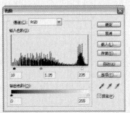

图71-14   图71-15   图71-16

156

072 为秀丽山川照片调色

Before

After

本例原照片中的风景迷人，山川秀丽，但由于拍摄光线的原因导致图像的色彩不明确，需要进行颜色调整来恢复艳丽的色彩。在实际应用中需注意的是，在调色时各种颜色的保留。

主要使用功能： 曲线命令、色阶命令、可选颜色命令、USM锐化命令，色彩平衡命令等。

最终文件路径： Chapter7\72为秀丽山川照片调色 \Complete\为秀丽山川照片调色.psd。

拍摄技巧：

在风光摄影中侧光是一种较为理想的光线。因为光线角度的差异，侧光又分为前侧光、侧逆光和正侧光。正侧光能使被摄景物产生强烈的明暗反差，层次丰富，立体感强，且能区分远、近景，增强空间深度，使拍摄出的照片有纵深感，生动活泼。在选择侧光拍摄风景时，曝光要特别讲究，因为侧光照射下的景物，从最亮的部分到最暗的部分之间的亮度间隔较大，稍不注意用光，就会失去阴影部分的层次，特别是拍摄彩色照片时，阴影部分会过于浓重。

01 执行"文件 > 打开"命令，在弹出的对话框中选择本书配套光盘中Chapter7\72 为秀丽山川照片调色 \Media\001.jpg 文件，单击"打开"按钮打开素材文件，如图 72-1 所示。将"背景"图层拖移至"创建新图层"按钮 🖺 上，复制"背景"图层，得到"背景副本"图层，如图 72-2 所示。

图72-1

图72-2

02 选择"背景副本"图层，执行"图像 > 调整 > 曲线"命令，在弹出的对话框中调整各项参数，如图 72-3 所示。完成后单击"确定"按钮，再执行"图像 > 调整 > 色阶"命令，在弹出的对话框中调整各项参数，如图 72-4 所示。完成后单击"确定"按钮，效果如图 72-5 所示。

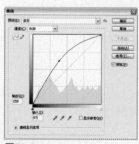

图72-3

图72-4

图72-5

03 执行"图像 > 调整 > 可选颜色"命令，在弹出的对话框中分别选择"黄色"、"绿色"和"青色"选项，并分别设置各自的参数，如图 72-6 ～图 72-8 所示。完成后单击"确定"按钮，效果如图 72-9 所示。

图72-6

图72-7

图72-8

图72-9

04 执行"滤镜 > 锐化 >USM 锐化"命令,在弹出的对话框中设置其参数,如图 72-10 所示。完成后单击"确定"按钮,效果如图 72-11 所示。

图72-10

图72-11

05 执行"图像 > 调整 > 色彩平衡"命令,在弹出的对话框中分别设置"阴影"、"中间调"和"高光"的参数, 如图 72-12 ~ 图 72-14 所示。完成后单击"确定"按钮,效果如图 72-15 所示。至此,本实例制作完成。

技巧提示:
风景调色相对比较自由,这里,还可以根据自己的喜好调整为傍晚时晚霞映海面的效果。

图72-12

图72-13

图72-14

图72-15

073 为清澈溪流照片调色

视频文件：Chapter7\73为清澈溪流照片调色.exe

Before

After

　　本例中原照片由于拍摄景物位于山的阴暗面，导致照片色彩暗淡，没能突出溪流的清澈，使原本美丽的景致感觉平淡无奇。可以调整图像的色彩，赋予照片优美的意境。实际操作中需要注意色彩强弱的调整以维持其真实性。

主要使用功能： 色阶命令、色相/饱和度命令、亮度/对比度命令。

最终文件路径： Chapter7\73为清澈溪流照片调色\Complete\为清澈溪流照片调色.psd。

拍摄技巧：

在户外拍摄风景照片，需要注意各种自然因素。如本例的照片是在山峰的阴暗面拍摄的，因此摄照光线不足，破坏了照片的效果。所以，在选择拍摄地点时，地势也是需要考虑的重要因素。

技巧提示：

在调整的时候注意"色阶"、"亮度／对比度"、"色相／饱和度"的综合运用，最好不要只使用其中一种功能来进行调整，以便达到最理想的效果。

01 执行"文件 > 打开"命令，打开本书配套光盘中 Chapter7\73 澈溪流照片调色 \Media\001.jpg 文件，如图 73-1 所示。复制"背景"图层，得到"背景副本"图层。选择"背景副本"图层，单击"创建新的填充或调整图层"按钮 ◯，调整色阶值，效果如图 73-2 所示。

图73-1

图73-2

02 然后再分别调整图像的"色相／饱和度"和"亮度／对比度"，使溪流效果清脆透明，效果分别如图 73-3、图 73-4 所示。至此，本实例制作完成。

图73-3

图73-4

074 调出照片的怀旧效果

Before

After

本例中原照片具有一种特殊的意境，可以对它进行调整，制作为怀旧的效果的照片，给人以不同的视觉感受。在实际应用中需要说明的是，注意杂色滤镜、纤维滤镜的参数设置。

主要使用功能：云彩滤镜、杂色滤镜、颜色填充命令、色阶命令、图层样式等。

最终文件路径：Chapter7\74调出照片的怀旧效果\Complete\调出照片的怀旧效果.psd。

拍摄技巧：

在拍摄照片时，总会无意识地拍摄一些不同角度和位置的照片，在有些时候这些照片并没有利用价值，但是有一些可以通过后期调整使其产生特殊的艺术效果。

当然，有时也会因为需要刻意的找寻一些角度和位置的景物拍摄出怀旧的效果的照片。

01 执行"文件 > 打开"命令，在弹出的对话框中，选择本书配套光盘中 Chapter7\74 调出照片的怀旧效果 \Media\001.jpg 文件，单击"打开"按钮打开素材文件，如图 74-1 所示。单击"创建新图层"按钮 ，得到"图层 1"，如图 74-2 所示，按下 D 键恢复前景色和背景色的默认设置，再按下 Alt+Delete 键填充图层，然后单击"图层"面板中的"添加图层蒙版"按钮 ，并在"图层"面板中将其"不透明度"设置为 50%，如图 74-3 所示。

图74-1

图74-2

图74-3

技巧提示：

云彩的颜色取决于前景色和背景色的设置。云彩滤镜没有对话框，效果随机性较强。这里保证前景色和背景色为默认的黑白颜色即可。在 Photoshop 中按下 D 键即可恢复默认前景色与背景色。

02 选择"图层 1"，执行"滤镜 > 渲染 > 云彩"命令，效果如图 74-4 所示。再执行"滤镜 > 杂色 > 添加杂色"命令，在弹出的对话框中设置其参数，如图 74-5 所示，效果如图 74-6 所示。

图74-4

图74-5

图74-6

03 执行"图层 > 新建填充图层 > 纯色"命令，在弹出的对话框中设置各项参数，如图 74-7 所示，完成后单击"确定"按钮，在弹出的"拾取实色"对话框中选择颜色，如图 74-8 所示，完成后单击"确定"按钮，效果如图74-9 所示。

图74-7

图74-8

图74-9

04 单击"图层"面板上的"创建新的填充或调整图层"按钮，在下拉菜单中选择"色阶"命令，并在弹出的对话框中设置各项参数，如图 74-10 所示，完成后单击"确定"按钮，效果如图 74-11 所示。

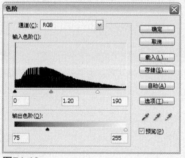

图74-10

图74-11

05 选择"色阶1"调整图层，执行"滤镜 > 渲染 > 云彩"命令，效果如图 74-12 所示。再执行"滤镜 > 渲染 > 纤维"命令，在弹出的对话框中设置其参数，如图 74-13 所示，效果如图 74-14 所示。

图74-12

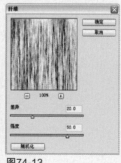

图74-13

图74-14

技巧提示:

阈值命令主要是将彩色图像变为黑白图像,参数范围在 0~255 之间,一般以参数 128 为基准,参数越小,颜色就越接近白色,参数越大,颜色就越接近黑色,一般用于调整照片的黑白效果,也可用于制作个性花色图片。

阈值命令可以将图像适当进行块处理,模拟矢量效果。

06 执行"图像 > 调整 > 阈值"命令,在弹出的对话框中将参数设置为 30,如图 74-15 所示,完成后单击"确定"按钮,效果如图 74-16 所示。

图74-15　　　　　　　　　　　　图74-16

07 执行"图像 > 调整 > 色阶"命令,在弹出的对话框中设置各项参数,如图 74-17 所示,完成后单击"确定"按钮,效果如图 74-18 所示。

图74-17　　　　　　　　　　　　图74-18

08 单击"图层"面板中的"创建新图层"按钮 ,得到"图层 2",按下 D 键恢复前景色和背景色的默认设置,再按下 Alt+Del 键填充图层。双击"图层 2"的图层缩览图,在弹出的"图层样式"对话框中设置"混合选项"的参数,如图 74-19 所示。然后再设置"渐变叠加"的参数,如图 74-20 所示,完成后单击"确定"按钮,效果如图 74-21 所示。至此,本实例制作完成。

图74-19　　　　　　　图74-20　　　　　　　图74-21

075 调出照片的异国情调

视频文件：Chapter7\75调出照片的异国情调.exe

Before

After

　　本例原照片中人物的表情和动作显得非常活泼，但是背景图像却很沉闷，二者结合在一起非常别扭。可以通过图像的合成将原本单一的背景替换成充满异国风情的图像，使照片活泼生动。实际操作中需要注意的是，合成后图像的色彩与光源是否和谐。

 主要使用功能：通道面板、色阶命令、移动工具、光照效果滤镜等。

 最终文件路径：Chapter7\75调出照片的异国情调\Complete\调出照片的异国情调.psd。

拍摄技巧：
在户外进行拍摄时，可以选择不同的场景，运用多元化的视角来丰富画面的效果。

技巧提示：
注意调整人物的位置，使人物图像的大小与照片的整体相谐调。

01 执行"文件 > 打开"命令，打开本书配套光盘中 Chapter7\75 调出照片的异国情调 \Media\001.jpg 文件及 002.jpg 文件，如图 75-1、图 75-2 所示。

图75-1

图75-2

02 选择"通道"面板中的"红"通道，并进行复制，得到"红副本"通道。对其进行色阶调整，然后运用画笔工具及通道缩览图，将人物图像载入选区。返回"图层"面板，并按下 Ctrl+J 复制图像，再将人物图像拖动到 002.jpg 文件中，适当调整人物图像大小，并对背景图像进行适当修饰，效果如图 75-3 所示。执行"滤镜 > 渲染 > 光照效果"命令，效果如图 75-4 所示。至此，本实例制作完成。

图75-3

图75-4

076 调出照片的仿古效果

Before

After

本例原照片中仿古的建筑给人以古典的感觉，可以对其进行增色处理，使其更加古香古色。在实际应用中需要说明的是，调整的色彩不宜过分偏黄，以免产生不真实感。

主要使用功能： 亮度/对比度命令、照片滤镜命令、图层混合模式、渐变填充、可选颜色命令、曲线命令等。

最终文件路径： Chapter7\76调出照片的仿古效果\Complete\调出照片的仿古效果.psd。

拍摄技巧：

在照片色彩的处理上，我们可以根据被摄物体的固有色彩进行搭配，选取相机中最具表现力的效果功能。在后期的制作中，也可以适当调整，来表现色彩。

01 执行"文件 > 打开"命令，在弹出的对话框中，选择本书配套光盘中Chapter7\76 调出照片的仿古效果 \Media\001.jpg 文件，单击"打开"按钮打开素材文件，如图 76-1 所示。连续两次复制"背景"图层，得到"背景副本"图层及"背景副本 2"图层，如图 76-2 所示。

图76-1

图76-2

技巧提示：

选择"背景"图层，连续两次按下快捷键 Ctrl+J，就可以得到两个复制图层。或在"背景"图层上单击右键，选择"复制图层"命令后，再重复操作一次，也可以得到两个复制图层。

02 选择"背景副本"图层，执行"图像 > 调整 > 去色"命令，再执行"图像 > 调整 > 亮度 / 对比度"命令，在弹出的对话框中设置其参数，如图 76-3 所示，完成后单击"确定"按钮，效果如图 76-4 所示。

图76-3

图76-4

03 隐藏"背景副本"图层，选择"背景副本 2"图层，执行"图像 > 调整 > 照片滤镜"命令，在弹出的对话框中设置各项参数，如图 76-5 所示，完成后单击"确定"按钮，效果如图 76-6 所示。显示"背景副本"图层，并将图层的混合模式设置为"明度"，再选择"背景副本 2"图层，将其混合模式设置为"叠加"，效果如图 76-7 所示。

图76-5　　　　　图76-6　　　　图76-7

技巧提示：

"叠加"混合模式主要是通过图像的明度变化来保留图层的颜色特征，常用于照片的处理和图像的合成中，它可以很好的融合两个图层的明度及色相，使图像产生很自然的合成效果。

技巧提示：

"渐变填充"命令和渐变工具其实有相同之处。也可应用"渐变填充"调整图层命令，来随时修改参数和观察效果。

04 选择"背景副本"图层，单击魔棒工具，点选出天空部分，按下快捷键 Ctrl+Alt+D 羽化选区，在弹出的对话框中设置"羽化半径"为 10 像素，完成后单击"确定"按钮。单击"图层"面板上的"创建新的填充或调整图层"按钮，在弹出的快捷菜单中选择"渐变填充"命令，并在弹出的对话框中设置各项参数，如图 76-18 所示。完成后单击"确定"按钮，效果如图 76-9 所示。选择"背景副本 2"图层，执行"图像 > 调整 > 可选颜色"命令，在弹出的"颜色"下拉列表中选择"红色"选项，并设置各项参数，如图 76-10 所示。完成后单击"确定"按钮，效果如图 76-11 所示。

图76-8　　　　　　　　图76-9

图76-10　　　　　　　图76-11

05 执行"图像 > 调整 > 曲线"命令，在弹出的对话框中设置其参数，如图 76-12 所示，完成后单击"确定"按钮，效果如图 76-13 所示。至此，本实例制作完成。

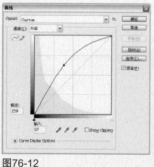

图76-12　　　　　　　图76-13

077 营造照片的鬼魅氛围

视频文件：Chapter7\77营造照片的鬼魅氛围.exe

Before

After

　　本例中原照片为老式住宅，为更加突显照片中景物的年代感，可以通过画笔描边等滤镜进行处理，营造出鬼魅氛围，使照片充满刺激感和神秘感。这种处理方法也比较适合用于制作一些个性的海报。实际操作中需要注意木刻强度的大小，以免使主体与背景关系模糊。

 主要使用功能： 喷溅滤镜、色相/饱和度命令、色彩平衡命令、画笔工具、图层样式等。

 最终文件路径： Chapter 7\77营造照片的鬼魅氛围\Complete\营造照片的鬼魅氛围.psd。

拍摄技巧：

在拍摄古旧房子时，如果想要拍摄出古老陈旧而又不失美观的效果，在选景上要非常注意，可以选择拍摄比较狭窄的场景，且光线最好是由一个中心点向外扩散。

技巧提示：

喷溅滤镜可以制作个性边缘效果，多用于制作边框，个性海报等。

01 执行"文件 > 打开"命令，打开本书配套光盘中 Chapter7\77 营造照片的鬼魅氛围 \Media\001.jpg 文件，如图 77-1 所示。复制得到"背景副本"图层，选择此图层，单击"以快速蒙版模式编辑"按钮，使用画笔工具对需要添加陈旧效果的区域进行涂抹，效果如图 77-2 所示。

图77-1

图77-2

02 单击"以标准模式编辑"按钮，得到选区，反选选区，并执行"滤镜 > 画笔描边 > 喷溅"命令，效果如图 77-3 所示。单击"创建新的填充或调整图层"按钮，综合运用"色相 / 饱和度"、"色彩平衡"进行颜色调整。最后使用画笔工具，添加些许文字，并运用图层样式及填充对文字适当添加特效，效果如图 77-4 所示。至此，本实例制作完成。

图77-3

图77-4

078 变换照片的季节

Before

After

本例中原照片虽然显得春意昂然，但是色彩层次感弱，可以通过调整改变照片的季节，同时也增添照片的层次。在实际应用中需要注意调整后的颜色要和周围的景物相融合。

主要使用功能：Lab颜色、计算命令、可选颜色命令、锐化命令、色阶命令等。

最终文件路径：Chapter7\78变换照片的季节\Complete\变换照片的季节.psd。

拍摄技巧：

依据季节的变化，风光摄影可分为春季、夏季、秋季和冬季风光摄影，不同的的季节，所产生的情调、氛围都是不相同的。而在现实拍摄中，如果想达到自己的拍摄目的，拍摄不同季节的景观，需要耐心等待时机。当然，也可以通过后期对照片进行适当处理，改变照片的季节。

01 执行"文件 > 打开"命令，在弹出的对话框中，选择本书配套光盘中Chapter7\78 变换照片的季节 \Media\001.jpg 文件，单击"打开"按钮打开素材文件，如图 78-1 所示。执行"图像 > 模式 >Lab 颜色"命令。完成后再选择"通道"面板，单击a 通道，执行"图像 > 计算"命令，在弹出的对话框中设置其参数，如图 72-2 所示。

图78-1

图78-2

技巧提示：

理解通道的意义，就可以方便地创建选区。

不同的颜色模式对应的通道名称也不同。在调整颜色时，需要仔细观察图像各个通道的颜色，以便更快捷和方便地进行操作。

02 完成后单击"确定"按钮，得到新通道 Alpha1，如图 78-3 所示。选择 Alpha1 通道，按下 Ctrl+A 键进行全选，再按下 Ctrl+C 键复制通道图像，然后单击 a 通道，按下 Ctrl+V 粘贴图像，最后删除 Alpha1 通道，返回"图层"面板，按下快捷键 Ctrl+D 取消选区，效果如图 78-4 所示。

图78-3

图78-4

03 执行"图像 > 模式 >RGB 颜色"命令，返回 RGB 模式。单击"图层"面板上的"创建新的填充或调整图层"按钮，在弹出的下拉菜单中选择"可选颜色"命令，在弹出对话框的"颜色"下拉列表中分别选择"黄色"、"青色"和"中性色"选项，并设置各项参数，如图 78-5 ～图 78-7 所示，完成后单击"确定"按钮，效果如图 78-8 所示。

图78-5

图78-6

图78-7

图78-8

技巧提示：
USM 锐化命令虽然可以将模糊的图像清晰化，但同时也存在很大的弊端，在使用的时候一定要根据图像来决定锐化的程度，如果过度锐化图像反而会破坏图像的细节，使图像出现一些彩色杂点，从而影响图像的质量。

04 选择"背景"图层，执行"滤镜 > 锐化 >USM 锐化"命令，在弹出的对话框中设置各项参数，如图 78-9 所示，完成后单击"确定"按钮，效果如图 78-10 所示。

图78-9

图78-10

05 执行"图像 > 调整 > 色阶"命令，在弹出的对话框中设置各项参数，如图 78-11 所示，完成后单击"确定"按钮，效果如图 78-12 所示。至此，本实例制作完成。

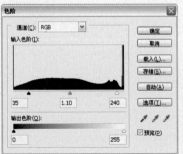
图78-11

图78-12

079 制作照片中景物的倒影

Before

After

本例中原照片风景秀美，但总是感觉像是有一层雾笼罩着，影响了照片的清晰度，可以通过处理调整照片的颜色，并添加倒影来增添照片的意境。在实际应用中需要注意倒影的位置以及模糊的程度的调整。

 主要使用功能： 图层蒙版、高斯模糊滤镜、动感模糊滤镜、色阶命令、色彩平衡命令等。

 最终文件路径： Chapter 7\79制作照片中景物的倒影\Complete\制作照片中景物的倒影.psd。

拍摄技巧：

明确了拍摄主体之后，应从三个方面来确定拍摄主体与陪体、背景和整个画面的关系，即拍摄的方向、角度及距离。一般都会先确定拍摄方向与高低角度，然后再设定取景的距离。拍摄距离决定了取景器画面中容纳景物的多少以及主体在画面中的成像大小。此时，进一步或退一步，在取景器里都会产生画面结构的变化。在画面处理上，尽可能剔除与主题无关甚至破坏画面的东西。要根据具体情况来确定拍摄物突出意境，以获得理想的画面效果。

01 执行"文件 > 打开"命令，在弹出的对话框中，选择本书配套光盘中Chapter7\79 制作照片中景物的倒影 \Media\001.jpg 文件，单击"打开"按钮打开素材文件，如图 79-1 所示。复制"背景"图层，得到"背景副本"图层，如图 79-2 所示。

图79-1

图79-2

02 选择"背景副本"图层，按下 Ctrl+T 键显示自由变换框，单击鼠标右键并在弹出的菜单中选择"垂直翻转"命令，调整来倾斜图像使其与倒影位置吻合，完成后按下 Enter 键确定，效果如图 79-3 所示。单击"图层"面板中的"添加图层蒙版"按钮，单击渐变工具，在图像中从上向下进行拖动，形成倒影，效果如图 79-4 所示。

技巧提示：

在使用渐变工具对蒙版进行处理时，可以根据实际情况，设置渐变工具的颜色为黑色到透明，这样制作出的倒影效果更真实。

图79-3

图79-4

03 选择"背景副本"图层，执行"滤镜 > 模糊 > 高斯模糊"命令，在弹出的对话框中设置"半径"为10像素,如图79-5所示,完成后单击"确定"按钮，效果如图79-6所示。

图79-5　　　　　　　　　　图79-6

技巧提示：

这里设置的"波纹"参数需要根据实际的河面效果来决定,河流、湖面或者海面是静态还是动态的，如果是动态的，那波纹的参数值需要调整得稍微大一些。最主要的是要让图像看起来真实自然。

04 执行"滤镜 > 扭曲 > 波纹"命令，在弹出的对话框中设置各项参数,如图79-7所示，完成后单击"确定"按钮，效果如图79-8所示。

图79-7　　　　　　　　　　图79-8

05 执行"滤镜 > 模糊 > 动感模糊"命令,在弹出的对话框中设置各项参数,如图79-9所示，完成后单击"确定"按钮，效果如图79-10所示。

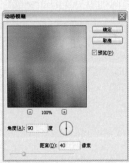 

图79-9　　　　　　　　　　图79-10

06 选择"背景副本"图层，单击画笔工具 ，按下D键恢复前景色和背景色的默认设置，并在属性栏中适当设置其参数，如图79-11所示，对图像的倒影部分进行涂抹使其更为自然。效果如图79-12所示。

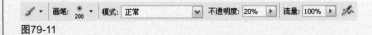

图79-11

图79-12

07 选择"背景"图层,执行"图像 > 调整 > 色阶"命令,在弹出的对话框中设置各项参数,如图 79-13 所示,完成后单击"确定"按钮,效果如图 79-14 所示。

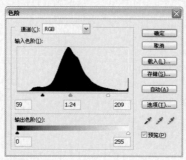

图79-13

图79-14

08 选择"背景副本"图层,执行"图像 > 调整 > 色彩平衡"命令,在弹出的对话框中设置"中间调"和"高光"的参数,如图 79-15 和图 79-16 所示,完成后单击"确定"按钮,效果如图 79-17 所示。至此,本实例制作完成。

技巧提示:

适当使用色彩平衡调整,可以让湖面的水显得更绿,更通透。

图79-15

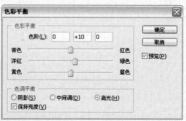

图79-16

图79-17

080 增加花卉照片的逆光效果

视频文件：Chapter7\80增加花卉照片的逆光效果.exe

Before

After

　　本例中原照片本身非常普通，并且色彩黯淡单一，可通过调整使色彩达到一种高饱和的状态，从视觉上产生一种特殊的效果。

 主要使用功能： 动感模糊滤镜、图层混合模式等。

 最终文件路径： Chapter7\80增加花卉照片的逆光效果\Complete\增加花卉照片的逆光效果.psd。

拍摄技巧：

选择天气晴朗的日子到户外拍摄精致优美的景物，会更容易达到理想的效果。

01 执行"文件 > 打开"命令，打开本书配套光盘中 Chapter7\80 增加花卉照片的逆光效果 \Media\001.jpg 文件，如图 80-1 所示。复制"背景"图层，然后对"背景副本"图层应用动感模糊滤镜，并设置图层的混合模式为"叠加"，效果如图 80-2 所示。

图80-1

图80-2

技巧提示：

柔光模式主要以柔和的方式叠加图像，并且保持了图层原有的色彩，在照片的处理中多用于两张或多张照片的叠加，来表现镜像、折射等效果。

02 复制"背景副本"图层，并改名为"图层 1"。再对"图层 1"应用动感模糊滤镜。并设置图层混合模式为"叠加"。复制 3 个图层并对得到的副本图层进行合并，然后改名为"图层 2"。复制"图层 2"，并对"图层 2 副本"应用水彩滤镜，并更改图层混合模式为"柔光"，效果如图 80-3 所示。最后新建"图层 3"，运用径向渐变进行填充，为图像添加一层蓝色的光晕效果，如图 80-4 所示。至此，本实例制作完成。

图80-3

图80-4

081 制作迷人朦胧效果

视频文件：Chapter7\81制作迷人朦胧效果.exe

Before

After

本例中原照片本身很有意境，但是色彩平淡，可以为图像添加朦胧效果，加深意境。在实际操作中可根据需要对图像进行调整，并设置不同的参数，来得到更多不同的效果。

主要使用功能： 色彩平衡命令、高斯模糊滤镜、色相/饱和度命令、图层混合模式等。

最终文件路径： Chapter7\81制作迷人朦胧效果\Complete\制作迷人朦胧效果.psd。

拍摄技巧：

在拍摄时，如果想制造朦胧的意境，可以采用雾景拍摄。虽然在日常生活中雾会给人们带来诸多不便，但它也为摄影者提供了绝妙的创作机会。雾天拍摄风光，由于雾气的作用，远景朦胧，画面十分动人，可能会得到意想不到的迷蒙效果。

拍摄雾景时，必须有某些景物作前景，以突出由近渐远的深度透视效果和影调变化。在有阳光的雾天拍摄逆光或剪影照片，也会产生较好的效果。

技巧提示：

适当运用"色相/饱和度"命令可以使图像的颜色更加鲜艳。

01 执行"文件 > 打开"命令，选择本书配套光盘中 Chapter7\81制作迷人朦胧效果\Media\001.jpg 文件，如图 81-1 所示。复制"背景"图层，对"背景副本"图层执行"图像 > 调整 > 色彩平衡"命令，设置"中间调"和"高光"，效果如图 81-2 所示。再执行"滤镜 > 模糊 > 高斯模糊"命令，效果如图 81-3 所示。

图81-1

图81-2

图81-3

02 执行"图像 > 调整 > 色相 / 饱和度"命令，在弹出的对话框中设置"饱和度"为 +50，效果如图 81-4 所示。选择"背景副本"图层，将图层模式更改为"变亮"，效果如图 81-5 所示。至此，本实例制作完成。

图81-4

图81-5

082 制作逆光剪影效果

视频文件：Chapter7\82制作逆光剪影效果.exe

Before

After

　　本例是一张具有透视关系的远景照片，重在烘托场景的关系和意境，可以通过调整图像的颜色将照片的意境发挥得更有韵味。在实际操作中调整图像时，应注意选区的准确创建。

 主要使用功能： 色阶命令、色彩平衡、镜头光晕滤镜等。

 最终文件路径： Chapter7\82制作逆光剪影效果\Complete\制作逆光剪影效果.psd。

拍摄技巧：

拍摄远景时，一定要注意构图和光线。在逆光情况下，进行精妙的拍摄，可以展现一种特殊的艺术效果。

技巧提示：

镜头光晕主要是模拟照相机的镜头在拍摄中产生的折射光，在照片的处理中，可以添加阳光照射的效果，增强照片的反射感。

01 执行"文件 > 打开"命令，打开本书配套光盘中 Chapter7\82 制作逆光剪影效果 \Media\001.jpg 文件，如图 82-1 所示。复制"背景"图层，对"背景副本"图层应用"色阶"调整图层命令，效果如图 82-2 所示。

图82-1

图82-2

02 使用各种选区工具分别选取天空、海等图像，然后应用"色彩平衡"调整图层命令，分别调整天空和海的颜色，效果如图 82-3 所示。然后再应用"色阶"调整图层命令，将人物的剪影效果再调暗一点，最后加入一点镜头光晕效果，使这种美丽的剪影照更具有韵味，效果如图 82-4 所示。至此，本实例制作完成。

图82-3

图82-4

083 制作云雾效果

视频文件：Chapter7\83制作云雾效果.exe

Before

After

本例原照片为旅游景观，但效果过于平淡并且照片的景物有些杂乱，可以添加一些特殊效果为照片增添意境，同时也弥补照片不足。在实际操作中需要注意画笔的使用。

主要使用功能： 移动工具、橡皮擦工具、减淡工具等。

最终文件路径： Chapter7\83制作云雾效果\Complete\制作云雾效果.psd。

拍摄技巧：

在进行户外风景拍摄时，最好选择景物具体，且元素较多的风景，以免造成类似本实例照片的错误，内容单一且没有特点。所以在选景时一定要进行全面考虑。

01 执行"文件 > 打开"命令，打开本书配套光盘中 Chapter7\83 制作云雾效果 \Media\001.jpg 文件，及 002.jpg 文件如图 83-1、图 83-2 所示。

图83-1

图83-2

技巧提示：

使用橡皮擦工具的时候应注意不透明度的调节，不透明度越低，擦除效果越弱，如本例的"不透明度"为 8%。因为本例是制作云雾效果，因此橡皮擦工具及减淡工具最好都设置为柔和画笔，这样效果更加自然。

02 单击移动工具 ，将 002.jpg 文件拖动到 001.jpg 文件中，自动生成"图层 1"，效果如图 83-3 所示。对"图层 1"执行自由变换命令来调节图像大小，并调整"图层 1"的填充值。然后，单击橡皮擦工具 将部分区域还原，再使用减淡工具 来制造透明感，效果如图 83-4 所示。至此，本实例制作完成。

图83-3

图83-4

084 制作晚霞效果

Before

After

　　本例中原照片光线平淡并且整体偏暗，很明显的将照片分为黑、白两部分，影响了照片的美观。需要对其进行调整并添加晚霞效果。在实际应用中运用曲线命令时，需要注意对高光、阴影、中间调的适当调节，以免造成照片整体不和谐。

 主要使用功能： 曲线命令、色阶命令、图层蒙版、镜头光晕滤镜等。

 最终文件路径： Chapter7\84制作晚霞效果\Complete\制作晚霞效果.psd。

拍摄技巧：

风光摄影的对象多是大自然中的景物，因此用色调来表达思想感情，烘托主题，渲染气氛，至关重要。

不同的色调会使人产生不同的感觉。色调是强化彩色风光摄影作品艺术表现力的重要手段，它能使风光摄影的画面突显情调，营造氛围，使作品达到作者心中预期的效果。

技巧提示：

"曲线"对话框中调整窗口的左下角的端点表示"阴影"，右上角的端点表示"高光"，中间部分的控点表示"中间调"，一般情况下，在调整图像时大多使用"中间调"。

"高光"和"阴影"可以改变图像的整体亮度和暗度。

01 执行"文件 > 打开"命令，在弹出的对话框中，选择本书配套光盘中Chapter7\84 制作晚霞效果 \Media\001.jpg 文件，单击"打开"按钮打开素材文件，如图 84-1 所示。将"背景"图层拖移至"创建新图层"按钮 上，复制"背景"图层，得到"背景副本"图层，如图 84-2 所示。

图84-1

图84-2

02 选择"背景副本"图层，执行"图像 > 调整 > 曲线"命令，在弹出的对话框中设置 RGB 通道的"高光"、"阴影"和"中间调"的参数，如图 84-3～图 84-5 所示，效果如图 84-6 所示。

图84-3

图84-4

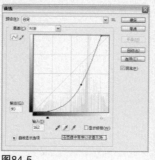

图84-5　　　　　　　　　　图84-6

03 继续执行曲线命令，选择"红"通道，在对话框中设置"红"通道的"高
光"和"中间调"的参数，如图 84-7、图 84-8 所示，效果如图 84-9 所示。

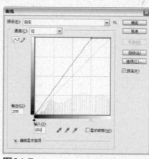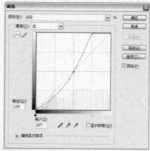

图84-7　　　　　　　　　　图84-8

图84-9

04 选择"蓝"通道，在对话框中设置"蓝"通道的"高光"和"中间调"
的参数，如图 84-10、84-11 所示，效果如图 84-12 所示。

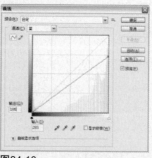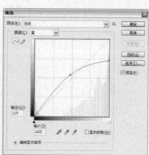

图84-10　　　　　　　　　　图84-11

图84-12

技巧提示：

在"色阶"对话框中勾选"预览"复选框，可以在对图像调整的同时，随时查看调整的效果，反之，则无法预览调整的图像效果。

05 单击"背景副本"图层的"指示图层可视性"按钮👁，隐藏"背景副本"图层，选择"背景"图层，执行"图像 > 调整 > 色阶"命令，在弹出的对话框中设置各项参数，如图 84-13 所示，完成后单击"确定"按钮，效果如图 84-14 所示。

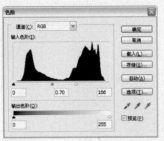
图84-13

图84-14

06 单击"背景副本"图层的"指示图层可视性"按钮👁，显示"背景副本"图层。选择"背景副本"图层，单击"添加图层蒙版"按钮▣，单击画笔工具🖌，按下 D 键恢复前景色和背景色的默认设置，并在属性栏中适当设置其参数，如图 84-15 所示，涂抹出房屋部分，效果如图 84-16 所示。

图84-16

图84-15

07 选择"背景副本"图层，执行"图像 > 渲染 > 镜头光晕"命令，在弹出的对话框中设置各项参数，如图 84-17 所示，完成后单击"确定"按钮，效果如图 84-18 所示。至此，本实例制作完成。

图84-17

图84-18

085 将彩色照片调整为单色效果

视频文件：Chapter7\85将彩色照片调整为单色效果.exe

Before

After

　　本例中原照片的颜色绚丽，风景优美，但是色彩略显生硬。可以通过调整增加照片的怀旧气息，表现出特殊的风土人情别具韵味。在实际操作中可根据喜好来确定单色的效果。

主要使用功能： 去色命令、亮度/对比度命令、色彩平衡命令等。

最终文件路径： Chapter7\85将彩色照片调整为单色效果\Complete\将彩色照片调整为单色效果.psd。

拍摄技巧：

在拍摄风光照片时，一般要挑选色彩柔和或者对比强烈具有突出的视觉效果的风景，这样拍摄出来的照片效果才会醒目特别。所以，在拍摄前要认真思考来取景。

技巧提示：

在使用"色彩平衡"调整图像的时候，应配合不同的场景选择最适合的颜色，来突显照片的韵味。

01 执行"文件 > 打开"命令，打开本书配套光盘中 Chapter 8/92 将彩色照片调整为单色效果 \Media\001.jpg 文件，如图 85-1 所示。复制"背景"图层，并对"背景副本"图层执行"图像 > 调整 > 去色"命令，来向单色转换，效果如图 85-2 所示。

图85-1　　　　　　　　图85-2

02 单击"创建新的填充或调整图层"按钮 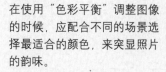，选择"亮度 / 对比度"命令，并适当设置参数，效果如图 85-3 所示。然后再运用"色彩平衡"命令，将图像调整为适合的颜色，效果如图 85-4 所示。至此，本实例制作完成。

图85-3　　　　　　　　图85-4

086 制作照片的梦幻效果

Before

After

　　本例中原照片的风景秀丽，但颜色暗淡导致照片毫无生气，可以为照片添加梦幻效果，来加强照片的色彩并渲染独特的意境。在调整时需要注意色彩不要过于繁杂，以免影响照片效果。

主要使用功能：图层混合模式、应用图像命令、高斯模糊命令、色相/饱和度命令、渐变填充命令等。

最终文件路径：Chapter7\86制作照片的梦幻效果\Complete\制作照片的梦幻效果.psd。

拍摄技巧：

在拍摄溪流风光照片时，要注意选择晴朗的天气，并在光源充足的情况下进行拍摄，这样照片的色彩才会亮丽，给人一种奇妙的意境，具有很强的视觉效果。反之，如果在天气阴暗或光源不足的情况下拍摄，就会像本例的照片一样，色彩混浊不清晰，无法突显风景的美丽。

01 执行"文件 > 打开"命令，在弹出的对话框中，选择本书配套光盘中Chapter7\86 制作照片的梦幻效果 \Media\001.jpg 文件，单击"打开"按钮打开素材文件，如图 86-1 所示。将"背景"图层拖移至"创建新图层"按钮 💿 上，复制"背景"图层，得到"背景副本"图层，如图 86-2 所示。

图86-1

图86-2

02 选择"背景副本"图层，将图层的混合模式设置为"滤色"，如图 86-3 所示，效果如图 86-4 所示。

图86-3

图86-4

03 单击"图层"面板上的"添加图层蒙版" 🔲 按钮，得到"背景副本"蒙版图层。执行"图像 > 应用图像"命令，在弹出的对话框中设置各项参数，如图 86-5 所示，完成后单击"确定"按钮，效果如图 86-6 所示。

图86-5

图86-6

04 选择"背景副本"图层,执行"滤镜 > 模糊 > 高斯模糊"命令,在弹出的对话框中将"半径"设置为50像素,如图86-7所示,完成后单击"确定"按钮,效果如图86-8所示。

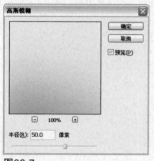

图86-7

图86-8

05 执行"图像 > 调整 > 色相/饱和度"命令,在弹出的对话框中设置"饱和度"为+100,如图86-9所示,完成后单击"确定"按钮,效果如图86-10所示。

技巧提示:

要制作一些特殊的颜色效果,巧妙运用"色相/饱和度"命令是一个不错的方法,特别是勾选"着色"复选框后,可以将图像调整为自己喜欢的各种色调。

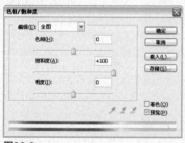

图86-9

图86-10

06 执行"图像 > 调整 > 可选颜色"命令,在弹出对话框的"颜色"下拉列表中选择"黄色"选项,并设置各项参数,如图86-11所示,完成后单击"确定"按钮,效果如图86-12所示。

图86-11

图86-12

07 单击"图层"面板上的"创建新的填充或调整图层"按钮，在下拉菜单中选择"渐变填充"命令，在弹出的对话框中设置由黄到白转变的渐变颜色及其他参数，如图86-13所示，完成后单击"确定"按钮，效果如图86-14所示。

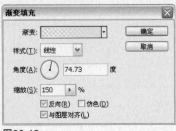

图86-13

图86-14

08 选择"渐变填充1"图层，单击画笔工具，按下D键恢复前景色和背景色的默认设置，并在属性栏中适当设置其参数，如图86-15所示，涂抹图像中的倒影部分使图像更自然。效果如图86-16所示。

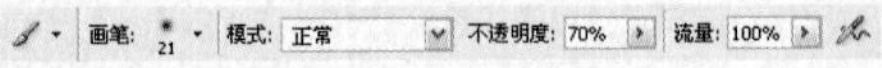

画笔：21 模式：正常 不透明度：70% 流量：100%

图86-15

图86-16

09 选择"背景"图层，执行"图像 > 调整 > 色相/饱和度"命令，在弹出的对话框中设置"饱和度"为+60，如图86-17所示，完成后单击"确定"按钮，效果如图86-18所示。至此，本实例制作完成。

图86-17

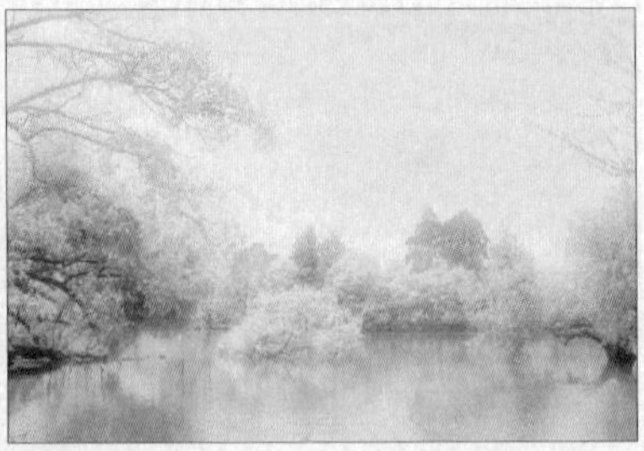

图86-18

087 制作双色调照片

视频文件：Chapter7\87制作双色调照片.exe

Before

After

　　本例中的原照片使用了仰角拍摄方法，照片中花朵和天空的分布非常有意境，可以再添加一些元素，使照片的主题更加突出。

主要使用功能：钢笔工具、矩形选框工具等。

最终文件路径：Chapter7\87制作双色调照片\Complete\制作双色调照片.psd。

拍摄技巧：

想要拍摄出本例照片的效果，关键之处就在于角度的掌握，同时也需要一定的环境来配合。这种仰视效果要求拍摄者必须在低于拍摄景物1～2米处拍摄，这样的角度需要一定的特殊环境，如草原、山川等地。因此拍摄时要考虑好环境及角度。

技巧提示：

运用混合模式可以取得一些合成的艺术效果。

01 执行"文件 > 打开"命令，打开本书配套光盘中 Chapter7\87 制作双色调照片 \Media\001.jpg 文件，如图 87-1 所示。复制"背景"图层，选择"背景副本"图层，然后使用前面"80 增加花卉照片的逆光效果"中的方法来调整图像，效果如图 87-2 所示。

图87-1

图87-2

02 新建几个图层，在各图层中分别使用钢笔工具和矩形选框工具创建不规则选区，并填充紫色，然后再适当设置各图层的混合模式及不透明度，效果如图 87-3 所示。最使用文字工具适当添加文字，如图 87-4 所示。至此，本实例制作完成。

图87-3

图87-4

088 增加水景照片的光照效果

Before

After

本例中原照片的图像较为平淡，是一般的傍晚风景照片。可以为它添加落日效果，并制作光线在海面中的投影，使照片更加完美。

 主要使用功能：椭圆选框工具、色阶命令等。

 最终文件路径：Chapter7\88增加水景照片的光照效果\Complete\增加水景照片的光照效果.psd。

拍摄技巧：

想要拍摄落日风光，应注意以下几点：使用较小的光圈，以防止快门速度不够而造成过曝，当然，小光圈拍摄也是风光照片的常用手段；正常测光并且增加1～1.5EV的曝光补偿，一般也可以达到比较理想的效果；也可以对夕阳上方进行点测光，并且增加1EV左右的曝光补偿；为了防止镜头产生眩光，尽量使用遮光罩，并取下不必要的滤镜。

如果使用傻瓜相机，一般有专门的"落日模式"，可以使用此模式进行拍摄。

水对于夜景来说具有奇妙的作用。大海、河流、池塘等由于水的反光倒影作用，可为岸上或周围的景物增加亮度，衬托景物轮廓，给画面添加生气。

进行夜间拍摄必须要掌握三点，即掌握被摄物的特点，选择适当的角度与利用自然条件。这三点之间是相互联系的，选择角度必须根据拍摄对象的特点和现场的自然环境而定，且这三方面都必须服从主题的要求，不能独立进行。

01 执行"文件 > 打开"命令，在弹出的对话框中，选择本书配套光盘中 Chapter7\88增加水景照片的光照效果 \Media\001. jpg 文件，单击"打开"按钮打开素材文件，如图88-1所示。

图88-1

02 复制"背景"图层，得到"背景副本"图层。选择"背景副本"图层，单击椭圆选框工具，并在属性栏中设置各项参数，如图88-2所示，在水面图像中拖选出需增加光照效果的位置，如图88-3所示。

图88-2

图88-3

拍摄技巧：

角度选择的好坏，对表现主题，突出特点也具有很大影响。例如表现工程规模巨大的工地夜景，最好使用高角度；表现建筑物的高大雄伟，则采用低角度较为适宜。

选择角度的同时要注意相机位置的选择，在一般情况下，晴天晚间的天空是西边亮东边黑。由东向西望去，水是一片白色的，水的反光和天空的光亮没有多大区别；由西向东望去，水的反射能力则很弱，呈灰暗色。因此在傍晚时镜头向西拍摄东边的景色效果较好；而在黎明时应采用相反方向拍摄；如雨天或阴天，则不必考虑这些问题。

03 按下 Ctrl+J 键，复制选区得到"图层 1"，选择"图层 1"，将其混合模式设置为"滤色"，如图 88-4 所示，效果如图 88-5 所示。

图88-4

图88-5

04 选择"背景副本"图层，执行"图像 > 调整 > 色阶"命令，在弹出的对话框中设置各项参数，如图 88-6 所示，完成后单击"确定"按钮。效果如图 88-7 所示。

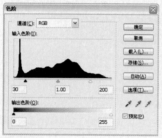
图88-6

图88-7

05 选择"图层 1"，执行"图像 > 调整 > 色阶"命令，在弹出的对话框中设置各项参数，如图 88-8 所示，完成后单击"确定"按钮。效果如图 88-9 所示。

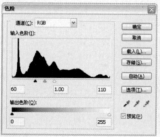
图88-8

图88-9

06 选择"背景副本"图层，执行"图像 > 调整 > 色阶"命令，在弹出的对话框中设置各项参数，如图 88-10 所示，完成后单击"确定"按钮。效果如图 88-11 所示。至此，本实例制作完成。

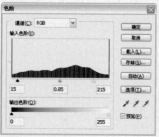
图88-10

图88-11

089 增加照片的阳光穿透树林效果

视频文件：Chapter7\89增加照片的阳光穿透树林效果.exe

Before

After

　　本例原照片中阳光被遮挡在树林外，使照片色彩偏暗，可以对照片进行适当处理，制造出阳光穿透树林的效果。

　主要使用功能： 矩形选框工具、高斯模糊命令、自由变换命令、镜头光晕滤镜、色阶命令等。

　最终文件路径： Chapter7\89增加照片的阳光穿透树林效果\Complete\增加照片的阳光穿透树林效果.psd。

拍摄技巧：

　　在风光摄影中运用直射光进行拍摄时，光线自上而下，以近于垂直的角度照射在景物上，造成景物的水平面受光强烈，垂直表面受光较差，景物明暗反差较大，投影短且位于景物的下方。由于缺乏远亮近暗的影调变化，因此拍摄出的照片一般立体感与空间感不强。

　　风光摄影还可以运用散射光进行拍摄，此时光源没有明显的方向，景物的各个受光面强度相等，明暗对比柔和，反差较小，但拍摄出来的画面通常影调平淡，缺乏层次。

技巧提示：

　　在制作光线效果时，适当添加镜头光晕效果，可使太阳的折射效果更真实、自然。

01　执行"文件 > 打开"命令，选择本书配套光盘中 Chapter7\89增加照片的阳光穿透树林效果\Media\001.jpg 文件。复制"背景"图层，并新建"图层 1"，使用矩形选框工具在画面上建立选区，并将选区填充为白色，执行"高斯模糊"命令设置"半径"为 20 像素，效果如图 89-1 所示。复制"图层 1"，重复操作三次并隐藏所有副本图层，如图 89-2 所示。使用自由变换命令调整图像的大小及位置并设置混合模式为"叠加"，效果如图 89-3 所示。

图89-1　　　　　　图89-2　　　　　　图89-3

02　使用相同的方法对其他三个副本图层进行调整，并合并图层为"图层 1"，效果如图 89-4 所示。选择"图层 1"，执行"高斯模糊"命令并设置"半径"为 20 像素，并对"背景副本"图层添加镜头光晕，再选择"图层 1"，利用图层蒙版涂抹图像，使光线更加柔和，效果如图 89-5 所示。最后选择"背景副本"图层，利用"色阶"命令调整对比度，效果如图 89-6 所示。至此，本实例制作完成。

图89-4　　　　　　图89-5　　　　　　图89-6

Chapter

08

静物照片的调色与艺术效果制作

本章主要对日常生活中记录下的一些小的精彩片断进行调整和艺术化处理,使照片具有一种鲜明的主题感,从视觉上带给人一种享受和乐趣。通过本章颜色调整的学习,可加深对颜色的认识,使您在以后的实际运用中更加得心应手。

090 为藤椅照片调色

Before

After

本例中原照片的取景非常有意思，但不足之处在于主次关系不够明确，可以通过调整增添照片的主次关系，并为照片添加独特的视觉效果。在实际应用中需要注意主次顺序。

主要使用功能：色阶命令、光照效果命令、色相/饱和度命令、可选颜色命令、照片滤镜命令等。

最终文件路径：Chapter8\90为藤椅照片调色\Complete\为藤椅照片调色.psd。

拍摄技巧：

在需要拍摄主题明确的照片时，除了取景的角度和位置外，还要注意是否能够将需要表达的景物很好地展示给别人，是否能够将需要表现的意境很好地传达给别人。这就需要在拍摄时尽量将焦距对准需要表现的物体，并虚化周围的景物，来区分主次关系。

01 执行"文件 > 打开"命令，在弹出的对话框中，选择本书配套光盘中Chapter8\90为藤椅照片调色 \Media\001.jpg 文件，单击"打开"按钮打开素材文件，如图 90-1 所示。将"背景"图层拖移至"创建新图层"按钮 上，复制"背景"图层，得到"背景副本"图层。选择"背景副本"图层，执行"图像 > 调整 > 色阶"命令，在弹出的对话框中设置各项参数，如图 90-2 所示，完成后单击"确定"按钮，效果如图 90-3 所示。

图90-1

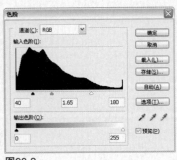
图90-2

图90-3

技巧提示：

光照效果滤镜可以为某个景物的具体位置添加光源。还可以根据实际需要选择光源的类型，如点光、线行光、全光源等。

还可以根据室内或者室外来选择光源的颜色。

02 执行"滤镜 > 渲染 > 光照效果"命令，在弹出的对话框中设置各项参数，如图 90-4 所示，完成后单击"确定"按钮，效果如图 90-5 所示。

图90-4

图90-5

03 单击椭圆选框工具 ，拖选出藤椅部分，执行"图像 > 调整 > 色相 / 饱和度"命令，在弹出的对话框中选择编辑"黄色"并设置其参数，如图 90-6 所示。完成后单击"确定"按钮，效果如图 90-7 所示。

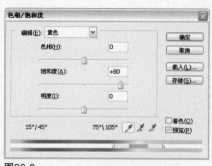

图90-6

图90-7

04 执行"图像 > 调整 > 色阶"命令，在弹出的对话框中设置各项参数，如图 90-8 所示，完成后单击"确定"按钮，效果如图 90-9 所示。

技巧提示：

在"色阶"对话框中要手动调整阴影和高光时，可将黑色和白色"输入色阶"滑块拖移到直方图的任意一端的第一组像素的边缘。要调整中间调，可使用中间的"输入"滑块来调整灰度系数。

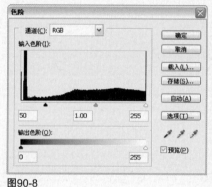

图90-8

图90-9

05 按下快捷键 Shift+Ctrl+I 键，反选选区。执行"图像 > 调整 > 色阶"命令，在弹出的对话框设置各项参数，如图 90-10 所示，完成后单击"确定"按钮，并按下 Ctrl+D 键取消选区，效果如图 90-11 所示。

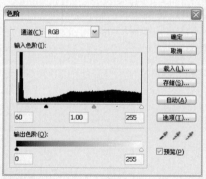

图90-10

图90-11

06 单击"图层"面板上的"创建新的填充或调整图层"按钮 ，在下拉菜单中选择"可选颜色"命令，在弹出对话框的"颜色"下拉列表中分别选择"黄色"、"绿色"和"黑色"选项，并分别设置各项参数，如图 90-12 ～ 图 90-14 所示，完成后单击"确定"按钮，效果如图 90-15 所示。

图90-12

图90-13

图90-14

图90-15

07 单击"图层"面板上的"创建新的填充或调整图层"按钮 ，在下拉菜单中选择"照片滤镜"命令，在弹出的对话框中设置其参数，如图 90-16 所示，完成后单击"确定"按钮，效果如图 90-17 所示。至此，本实例制作完成。

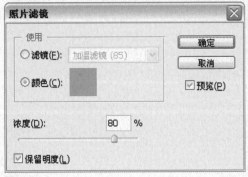

图90-16

图90-17

091 为花卉盆景照片调色

Before

After

　　本例中原照片的景物本身非常漂亮，构图也很好，但唯一美中不足之处就在于颜色不够分明，给人一种灰蒙蒙的感觉。可以通过调整来增强图像的色彩，赋予花卉生机。在实际应用中需要说明的是，为了使色彩层次更加丰富鲜明，在调整颜色时，可对不同的通道进行调整。

　主要使用功能：色阶命令、色相/饱和度命令、可选颜色命令、高斯模糊滤镜等。

　最终文件路径：Chapter8\91为花卉盆景照片调色\Complete\为花卉盆景照片调色.psd。

拍摄技巧：

象征着大自然的绿色会给人的心灵带来一种平和宁静的感觉，是一种能够同时传递清凉与温暖感觉的颜色。它作为消解疲劳、表现生命力的颜色，常使人联想到万物复苏的春天。在景物拍摄中巧妙地运用绿色，会使照片更加完美。

拍摄静物图片时，如果没有拍摄出景深效果，我们可以通过后期软件来调整，效果同样很完美。

01 执行"文件 > 打开"命令，在弹出的对话框中，选择本书配套光盘中Chapter8\91为花卉盆景照片调色 \Media\001.jpg 文件，单击"打开"按钮打开素材文件，如图 91-1 所示。

图91-1

02 将"背景"图层拖移至"创建新图层"按钮 上，复制"背景"图层，得到"背景副本"图层。选择"背景副本"图层，单击"图层"面板上的"创建新的填充或调整图层"按钮 ，在下拉菜单中选择"色阶"命令，在弹出的对话框中设置各项参数，如图 91-2 所示，完成后单击"确定"按钮，效果如图 91-3 所示。

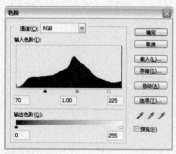
图91-2

图91-3

03 单击"图层"面板上的"创建新的填充或调整图层"按钮 ◎，在下拉菜单中选择"可选颜色"命令，在弹出对话框的"颜色"下拉列表中分别选择"红色"、"黄色"和"绿色"选项，并设置各项参数，如图91-4～图91-6所示，完成后单击"确定"按钮，效果如图91-7所示。

图91-4

图91-5

图91-6

图91-7

04 选择"背景副本"图层，单击魔棒工具 ，单击图像地面颜色较浅的部分，得到选区，如图91-8所示。执行"滤镜 > 模糊 > 高斯模糊"命令，在弹出的对话框中设置"半径"为8像素，如图91-9所示，完成后单击"确定"按钮，按下快捷键 Ctrl+D 取消选区，效果如图91-10所示。

图91-8

图91-9

图91-10

05 单击魔棒工具 ，单击地面阴影部分，得到选区，如图91-11所示，执行"滤镜 > 模糊 > 高斯模糊"命令，在弹出的对话框中设置"半径"为8像素，如图91-12所示，完成后单击"确定"按钮，按下快捷键 Ctrl+D 取消选区，效果如图91-13所示。

图91-11

图91-12

图91-13

技巧提示：

魔棒工具是将图像中颜色相似的区域指定为选区的工具。可用来选取需要处理或者调整的区域，它不仅应用于数码照片，还广泛应用于各种图像的处理中。

使用魔棒工具创建选区时，可适当在属性栏中设置容差值来确定选定像素的相似点差异。还可以配合键盘中的 Shift 键来加选选区，或配合 Alt 键来减选选区。

技巧提示：

这里可以单独选择背景图像，然后通过模糊滤镜来制作适当的景深效果，使主体物更突出。

06 单击魔棒工具 ，单击花卉颜色较暗的部分，得到选区，如图91-14所示，执行"滤镜 > 模糊 > 高斯模糊"命令，在弹出的对话框中设置"半径"为5像素，如图91-15所示，完成后单击"确定"按钮，按下快捷键Ctrl+D取消选区，效果如图91-16所示。

图91-14

图91-15

图91-16

技巧提示：
混合模式的灵活运用，可以为图像增加色彩层次感，在图像合成和多图层合并的时候经常使用。

07 选择"背景副本"图层，将其混合模式设置为"变亮"，如图91-17所示，效果如图91-18所示。

图91-17

图91-18

08 单击横排文字工具 ，在图像上合适位置添加自己喜爱的文字来加强照片的效果，效果如图91-19所示。至此，本实例制作完成。

图91-19

技巧提示：
文字在图像处理中是一个比较重要的环节，可在数码照片中添加一些艺术文字，使你的照片与众不同。

092 为烛台静物照片调色

视频文件：Chapter8\92为烛台静物照片调色.exe

Before

After

　　本例中原照片是一张普通的烛台静物照，可以通过调整将其艺术化，增加照片的观赏性与实用性。在实际操作中可以根据自己的喜好来调整颜色。

主要使用功能：色相/饱和度命令、曲线命令、马赛克滤镜等。

最终文件路径：Chapter8\92为烛台静物照片调色\Complete\为烛台静物照片调色.psd。

拍摄技巧：

拍摄时应注意捕捉静物的亮点，并适当运用景深效果，以使效果更自然。

01 执行"文件 > 打开"命令，打开本书配套光盘中 Chapter8\92为烛台静物照片调色 \Media\001.jpg 文件，如图 92-1 所示。复制"背景"图层，并对"背景副本"图层执行"色相 / 饱和度"及"曲线"命令调整图层颜色，并设置混合模式为"柔光"。然后复制副本图层，并对"背景副本 2"图层，运用光照效果滤镜，并设置混合模式为"点光"，效果如图 92-2 所示。

图92-1

图92-2

技巧提示：

盖印所有可见图层的快捷键为 Shift+Ctrl+Alt+E。

盖印多个图层时，先选择所有需要复制的图层，再按下快捷键 Ctrl+Alt+E 即可。

02 新建图层，对该图层进行由紫到蓝的线将渐变填充，并设置混合模式及不透明度。然后盖印所有可见图层，生成"图层 2"，复制图层，再对副本图层应用马赛克滤镜，效果如图 92-3 所示。再使用矩形选框工具制作一些艺术化效果并添加文字，效果如图 92-4 所示。至此，本实例制作完成。

图92-3

图92-4

093 为图书照片调色

Before

After

　　本例中的原照片效果平淡，没有亮点。可以对其进行颜色调整，并添加一些图像来突出照片的主题。在实际应用中需要说明的是，在添加文字时一定要注意图像与图书的透视关系。

主要使用功能：色彩平衡命令、图层混合模式、USM锐化命令、色阶命令等。

最终文件路径：Chapter8\93为图书照片调色\Complete\为图书照片调色.psd。

01 执行"文件 > 打开"命令，在弹出的对话框中，选择本书配套光盘中Chapter8\93为图书照片调色 \Media\001.jpg 文件，单击"打开"按钮打开素材文件，如图 93-1 所示。将"背景"图层拖移至"创建新图层"按钮 🔳 上，复制"背景"图层，得到"背景副本"图层，如图 93-2 所示。

图93-1

图93-2

02 选择"背景副本"图层，单击"图层"面板上的"创建新的填充或调整图层"按钮 ◎，在下拉菜单中选择"色彩平衡"命令，在弹出的对话框中设置"中间调"的参数，如图 93-3 所示，完成后单击"确定"按钮，效果如图 93-4 所示。

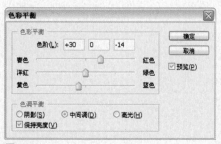
图93-3

图93-4

03 单击"图层"面板上的"创建新的填充或调整图层"按钮 ，在下拉菜单中选择"色阶"命令，在弹出的对话框中设置其参数，如图93-5所示，完成后单击"确定"按钮，效果如图93-6所示。

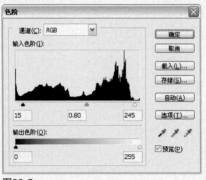

图93-5

图93-6

04 单击"图层"面板上的"创建新的填充或调整图层"按钮 ，在下拉菜单中选择"可选颜色"命令，在弹出对话框的"颜色"下拉列表中选择"黄色"选项，并设置各项参数，如图93-7所示，完成后单击"确定"按钮，效果如图93-8所示。

图93-7

图93-8

05 选择"背景副本"图层，执行"滤镜 > 渲染 > 光照效果"命令，在弹出的对话框中设置其参数，如图93-9所示，完成后单击"确定"按钮，效果如图 93-10 所示。

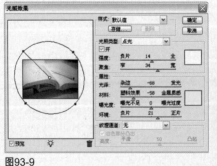

图93-9

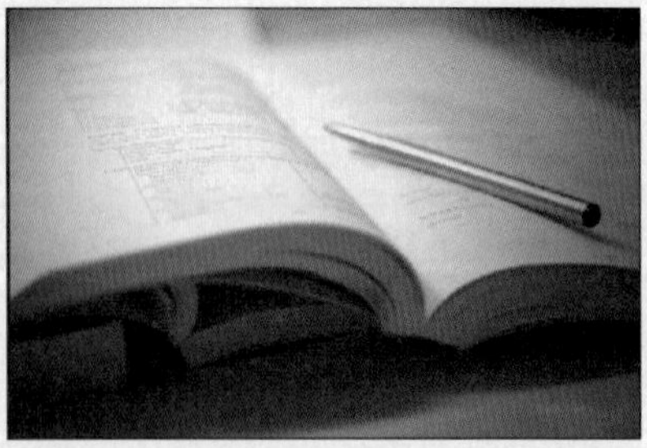

图93-10

06 执行"滤镜 > 锐化 >USM 锐化"命令，在弹出的对话框中设置其参数，如图 93-11 所示。完成后单击"确定"按钮，效果如图 93-12 所示。

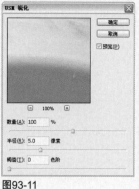

图93-11　　　　　　　　　　图93-12

07 选择"背景副本"图层，将混合模式设置为"叠加"，"不透明度"设置为 70%，如图 93-13 所示，效果如图 93-14 所示。

图93-13　　　　　　　　　　图93-14

08 单击"创建新图层"按钮，得到"图层 1"，单击铅笔工具，并在属性栏中设置画笔直径为 5px，如图 93-15 所示，将前景色设置为红色，然后在图像合适位置进行绘制，来增添趣味效果，效果如图 93-16 所示。

图93-15　　　　　　　　　　图93-16

09 单击裁剪工具，框选出合适的部分，如图 93-17 所示，完成后按下Enter 键确定，效果如图 93-18 所示。至此，本实例制作完成。

图93-17　　　　　　　　　　图93-18

094 制作静物趣味效果

视频文件：Chapter8\94制作静物趣味效果.exe

Before

After

本例中原照片的静物比较普通，没有生气。可以加入一些文字和图案，为照片添加主题，从而产生特殊的视觉效果，使其更加可爱有趣。在实际操作中需要注意，添加元素的位置是否和原图的透视相符。

主要使用功能： 矩形选框工具、亮度/对比度命令、色彩平衡命令等。

最终文件路径： Chapter8\94制作静物趣味效果\Complete\制作静物趣味效果.psd。

拍摄技巧：

想要制作趣味性的静物照片效果，在拍摄时应注意捕捉一些特定的场景，也可根据自己的喜好进行摆设。

技巧提示：

单击矩形选框工具，在属性栏中的"样式"选项中，有正常、固定比例、固定大小三种样式。选择不同的样式可以创建出不同的选区。

01 执行"文件 > 打开"命令，打开本书配套光盘中 Chapter8\94制作静物趣味效果\Media\001.jpg 文件，如图 94-1 所示。新建"图层 1"，单击矩形选框工具，在图像的上方创建选区并填充为黄褐色（R196、G106、B0）。复制"图层 1"，并调整副本图层的位置，再分别设置这两个图层的混合模式及不透明度，并适当使用"亮度 / 对比度"、"色彩平衡"命令来调整图像，效果如图 94-2 所示。

图94-1

图94-2

02 单击横排文字工具 T，适当添加文字，如图 94-3 所示。再结合使用画笔工具 及自定形状工具 绘制图案即可，效果如图 94-4 所示。至此，本实例制作完成。

图94-3

图94-4

095 制作水晶璀璨效果

视频文件：Chapter8\95制作水晶璀璨效果.exe

Before

After

　　本例中原照片本身的拍摄效果就具有一种意境并且充满艺术气息，如果再为其添加一些艺术效果就更加锦上添花。在调整时要特别注意模糊图像的设置，以免造成反效果。

主要使用功能： 高斯模糊命令、色相/饱和度命令、曲线命令、图层混合模式、可选颜色命令等。

最终文件路径： Chapter8\95制作水晶璀璨效果\Complete\制作水晶璀璨效果.psd。

拍摄技巧：

想拍摄出本例这样充满意境的照片，需要有特定的环境和风景，同时也要具有非常敏锐的观察力。

01 执行"文件 > 打开"命令，打开本书配套光盘中 Chapter 8\95制作水晶璀璨效果\Media\001.jpg 文件，如图95-1所示。复制"背景"图层，并对"背景副本"图层适当执行"高斯模糊"、"色相/饱和度"和"曲线"命令，并将图层混合模式设置为"变亮"，效果如图95-2所示。

图95-1　　　　　　　　　图95-2

技巧提示：

在执行"可选颜色"命令时，应配合不同的场景选择最适合的颜色，来突显照片的韵味。

02 单击"创建新的填充或调整图层"按钮 ⊘，选择"可选颜色"命令，并适当设置参数，效果如图95-3所示。然后再使用横排文字工具在图像合适位置输入文字，并进行适当处理，效果如图95-4所示。至此，本实例制作完成。

图95-3　　　　　　　　　图95-4

150

096 制作照片的水珠效果

Before

After

　　本例原照片中的花朵浮在水面上，虽然色彩艳丽，但却显得生硬，可以给花朵添加水珠，使照片图像更加自然。在实际应用中需要说明的是，注意水珠的位置以及与背景的融合。

主要使用功能：椭圆选框工具、扭曲命令、高斯模糊命令、图层样式、渐变工具等。

最终文件路径：Chapter8\96制作照片的水珠效果\Complete\制作照片的水珠效果.psd。

拍摄技巧：

在拍摄时，可以运用一些小方法来制造一些细节，突出生活气息与环境特征。小细节的制造能使照片显得栩栩如生，充满生活气息。同时，在拍摄时还应注意观察物体外形、识别色彩及质感、运用光线及构图等方面。

技巧提示：

执行右边的操作后，即可把背景图层转换为一般的图层。

01 执行"文件 > 打开"命令，在弹出的对话框中，选择本书配套光盘中Chapter8\96 制作照片的水珠效果 \Media\001.jpg 文件，单击"打开"按钮打开素材文件，如图 96-1 所示。

图96-1

02 双击"背景"图层，保持弹出的对话框中的参数，如图 96-2 所示，完成后单击"确定"按钮，如图 96-3 所示。

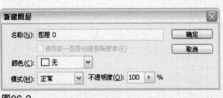

图96-2　　　　　　　　　　　　　图96-3

03 单击椭圆选框工具，在图像中的花瓣上创建一个椭圆选区，如图 96-4 所示。按下 Ctrl+J 复制选区，得到"图层 1"，如图 96-5 所示。

技巧提示:

椭圆选框工具主要是建立椭圆形或者圆形选区,对照片的处理来说,可以制作圆形或者椭圆形的照片外框,也可以复制照片中的图像,得到多个图像的效果。

图96-4

图96-5

04 选择"图层1",执行"滤镜 > 扭曲 > 球面化"命令,在弹出的对话框中设置参数,如图96-6所示,完成后单击"确定"按钮,继续执行"滤镜 > 模糊 > 高斯模糊"命令,在弹出的对话框中将"半径"设置为5像素,如图96-7所示,完成后单击"确定"按钮,效果如图96-8所示。

图96-6

图96-7

图96-8

05 单击"图层"面板中"添加图层样式"按钮 fx. ,在弹出的菜单中选择"内阴影",并设置各项参数,如图96-9所示,完成后单击"确定"按钮,按下Ctrl+D键取消选区,效果如图96-10所示。

技巧提示:

"内阴影"图层样式,在实际操作中应用非常广泛,可以为图像添加立体效果,多数用来制作事物仿真以及水晶效果。

图96-9

图96-10

06 复制"图层1"图层,得到"图层1副本"图层,将"图层1副本"更名为"图层2",并放置于"图层1"的下层,如图96-11所示。按住Ctrl键的同时单击"图层2"的图层缩览图,将图像载入选区,单击工具箱中的"设置前景色"图标,在弹出的"拾色器"对话框中设置前景色为黄褐色(R99、G99、B9),完成后单击"确定"按钮。按下快捷键 Alt+ Delete 填充前景色,然后按下快捷键Ctrl+D取消选区,效果如图96-12所示。

图96-11

图96-12

07 选择"图层2",执行"滤镜 > 模糊 > 高斯模糊"命令,在弹出的对话框中将"半径"设置为5像素,如图96-13所示,完成后单击"确定"按钮,效果如图96-14所示。

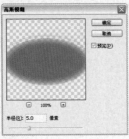

图96-13   图96-14

08 选择"图层2",设置"不透明度"为80%,如图96-15所示。效果如图96-16所示。

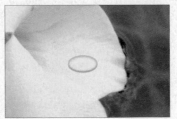

图96-15   图96-16

09 新建"图层3",如图96-17所示。单击椭圆选框工具,创建选区,如图96-18所示。

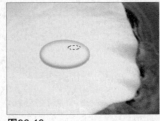

图96-17   图96-18

10 设置前景色为浅黄色(R255、G253、B243)。选择渐变工具,并在属性栏中单击渐变条,在弹出对话框的"预设"中选择"前景到透明"的渐变类型,如图96-19所示。完成后单击"确定"按钮,在椭圆选区中拖动鼠标应用线性渐变,再执行"滤镜 > 模糊 > 高斯模糊"命令,在对话框中设置"半径"为3像素,如图96-20所示,完成后单击"确定"按钮,并取消选区,效果如图96-21所示。

技巧提示:

渐变工具可以阶段性地为图片填充颜色,在操作时可以对背景进行渐变填充并结合图层的混合模式,来赋予照片怀旧感和神秘感,填充的颜色不同带给人的感觉就不同。

在属性栏中有五种渐变方式:

线性渐变

径向渐变

角度渐变

对称渐变

菱形渐变

这五种方式中的任意一种,随着拖动的方向不同,其颜色的顺序或者位置都会发生改变。

图96-19   图96-20   图96-21

11 新建"图层4",如图96-22所示。单击椭圆选框工具○,在水珠上创建大小相似的椭圆选区,并对选区填充白色,取消选区后效果如图96-23所示。

图96-22　　　　　　图96-23

12 选择"图层4",设置"不透明度"为20%,如图96-24所示,效果如图96-25所示。

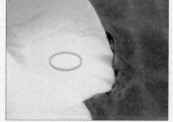

图96-24　　　　　　图96-25

13 单击"图层0"的"指示图层可视性"按钮●,隐藏图层。按下快捷键Shift+Ctrl+E,合并除背景图层外的图层,此时"图层"面板,如图96-26所示,效果如图96-27所示。

图96-26　　　　　　图96-27

14 单击"图层0"的"指示图层可视性"按钮,显示图层。多次复制"图层4",得到图层4副本,如图96-28所示。逐一选择复制图层,按下Ctrl+T适当调节水珠大小及位置,并按下Enter键确定,得到多个水珠,效果如图96-29所示。再次隐藏图层0。按下快捷键Shift+Ctrl+E,合并除背景图层外的图层,此时"图层"面板如图96-30所示。

图96-28　　　　　　图96-29　　　　　　图96-30

技巧提示:
按下快捷键Ctrl+E合并当前图层和下一层图层。需要合并多个图层的时候,按住Ctrl键的同时选择所有要合并的图层,再按下快捷键Ctrl+E合并。而按下快捷键Ctrl+Shift+E则可合并所有可见图层。

技巧提示：

波浪滤镜可以按指定的波长、波幅、类型等来扭曲图像。单击"随机化"按钮 `随机化(Z)`，可按指定的设置随机生成一种波浪图案。

15 选择"图层 4"，执行"滤镜 > 扭曲 > 波浪"命令，在弹出的对话框中设置各项参数，如图 96-31 所示，完成后单击"确定"按钮，效果如图 96-32 所示。

图96-31

图96-32

16 单击"添加图层蒙版"按钮 ，再单击画笔工具 ，按下 D 键恢复前景色和背景色的默认设置，并在属性栏中设置其参数，如图 96-33 所示，涂抹水珠边缘颜色过深的部分，效果如图 96-34 所示。

画笔: `17` 模式: 正常 不透明度: 50% 流量: 100%

图96-33

图96-34

17 选择"图层 0"，执行"图像 > 调整 > 可选颜色"命令，在弹出对话框的"颜色"下拉列表中选择"红色"、"黄色"和"蓝色"选项，并分别设置各项参数，如图 96-35 ～图 96-37 所示，完成后单击"确定"按钮，效果如图 96-38 所示。至此，本实例制作完成。

图96-35

图96-36

图96-37

图96-38

Chapter
09

城市主题照片的修饰和制作

本章主要以城市主题照片为主。通过本章的学习，可以对城市景物照片进行修复和调整，并添加一些特效来弥补照片的不足和缺陷，如添加玻璃反射效果、光照效果、朦胧动感效果等等，让黯淡失色的照片恢复饱和的色彩。让您在深刻的了解照片的修饰和处理的同时，掌握一些功能的运用，可以轻松地将有缺陷的照片处理成为完整的照片。

097 清晰夜景照片中的景物

视频文件：Chapter9\97清晰夜景照片中的景物.exe

　　本例中原照片由于是在夜晚拍摄的，选择的景物所处的光线环境也非常不好，导致照片模糊不清，需要调整景物的清晰度，在实际应用中需要注意调整的效果应与环境相配。

主要使用功能：色阶命令、照亮边缘滤镜、高斯模糊滤镜、绘画涂抹滤镜等。

最终文件路径：Chapter9\97清晰夜景照片中的景物\Complete\清晰夜景照片中的景物.psd。

拍摄技巧：

　　夜景摄影包括很多方面，主要是指在夜间拍摄室外的灯光或自然光下的景物，它与在日光以及闪光灯照明条件下拍摄的方法和效果都有所不同。夜景摄影主要是利用被摄景物本身和周围环境中原有的灯光，火光，月光等作主要光源，对由自然景物、建筑物以及人类活动所构成的画面进行拍摄。由于它是在特定的环境和条件下进行的拍摄，常会受到某些客观条件的制约，因此，比起日间摄影要困难得多。夜景摄影有自己独特的效果和风格，可以给人以不同的感觉。

01 执行"文件 > 打开"命令，打开本书配套光盘中 Chapter9\97清晰夜景照片中的景物 \Media\001.jpg 文件。复制"背景"图层。再选择"通道"面板，复制"红"通道，并对"红副本"通道执行"照亮边缘"命令及"高斯模糊"命令并设置"半径"为"2.0"像素，效果如图 97-1 所示。按住 Ctrl 键的同时单击"红副本"的通道缩览图，将图像载入选区。返回"图层"面板，对"背景副本"图层执行"绘画涂抹"命令，效果如图 97-2 所示。再将图层混合模式更改为"滤色"，效果如图 97-3 所示。

图97-1

图97-2

图97-3

02 执行"色阶"命令，效果如图 97-4 所示，再执行"可选颜色"命令，适当设置"红色"及"绿色"的参数，效果如图 97-5 所示。至此，本实例制作完成。

图97-4

图97-5

098 修饰夜景照片中杂乱的灯光

Before

After

　　本例原照片中灯火辉煌，体现了夜晚景色的特点，但同时也给人一种杂乱无章的感觉，可以通过调整，增加照片的主次关系，美化夜晚景色照片。

主要使用功能：色阶命令、色相/饱和度命令、可选颜色命令、照片滤镜命令等。

最终文件路径：Chapter9\98修饰夜景照片中杂乱的灯光\Complete\修饰夜景照片中杂乱的灯光.psd。

拍摄技巧：

灯光（或月光）是夜景中重要的组成部分，它同时又是夜景摄影的主要光源，没有灯或灯光稀少的情况下，物体会无法显示，或显示得不清楚。只有有了足够的灯光，才可以使物的呈现层次，画面更加明亮和清晰。流动的灯光（汽车灯、轮船灯及其他可以移动的灯光），会在底片上呈现一条条光线（即光柱），可适当运用来营造氛围，使画面得到更好的效果。

01 执行"文件 > 打开"命令，在弹出的对话框中，选择本书配套光盘中Chapter9\98修饰夜景照片中杂乱的灯光\Media\001.jpg 文件，单击"打开"按钮打开素材文件，如图98-1所示。复制"背景"图层，得到"背景副本"图层，如图98-2所示。

图98-1

图98-2

02 选择"通道"面板，复制"红"通道，得到"红副本"通道。对"红副本"通道执行"图像 > 调整 > 色阶"命令，在弹出的对话框中设置各项参数，如图98-3所示，完成后单击"确定"按钮，效果如图98-4所示。按住 Ctrl 键的同时单击"红副本"的通道缩览图，将图像载入选区，返回"图层"面板，选择"背景副本"图层，效果如图98-5所示。

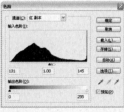
图98-3

图98-4

图98-5

03 执行"图像 > 调整 > 色相／饱和度"命令，在弹出的对话框中设置各项参数，如图 98-6 所示，完成后单击"确定"按钮，效果如图 98-7 所示。

图98-6

图98-7

04 执行"图像 > 调整 > 可选颜色"命令，在弹出对话框的"颜色"下拉列表中分别选择"红色"和"黄色"选项，并设置各项参数，如图 98-8 和 98-9 所示，完成后单击"确定"按钮，并按下 Ctrl+D 取消选区，效果如图 98-10 所示。再将"背景副本"图层的混合模式设置为"饱和度"，效果如图 98-11 所示。

图98-8

图98-9

图98-10

图98-11

技巧提示：
"照片滤镜"中的"浓度"选项主要用于调整应用于图像的颜色数量。浓度越高，颜色调整幅度就越大。

05 执行"图像 > 调整 > 照片滤镜"命令，在弹出的对话框中设置各项参数，如图 98-12 所示，完成后单击"确定"按钮，效果如图 98-13 所示。

图98-12

图98-13

06 执行"图像 > 调整 > 色彩平衡"命令，在弹出的对话框中选择"中间调"选项，并设置其参数，如图 98-14 所示，完成后单击"确定"按钮，效果如图 98-15 所示。

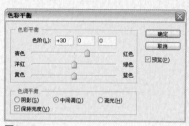

图98-14　　　　　　　　　　　　　图98-15

07 选择"背景"图层，单击加深工具，并在属性栏中设置其参数，如图 98-16 所示。在图像上涂抹灯光的光亮部分，效果如图 98-17 所示。

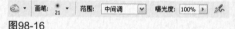

图98-16　　　　　　　　　　　　　图98-17

08 单击套索工具，圈选出图像中的楼房部分，如图 98-18 所示，执行"滤镜 > 锐化 >USM 锐化"命令，在弹出的对话框中设置各项参数，如图 98-19 所示，完成后单击"确定"按钮，并按下快捷键 Ctrl+D 取消选区，效果如图 98-20 所示。

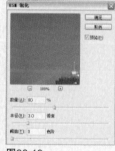

图98-18　　　　　　　　图98-19　　　　　　　　图98-20

09 选择"背景"图层，执行"图像 > 调整 > 色阶"命令，在弹出的对话框中设置各项参数，如图 98-21 所示，完成后单击"确定"按钮，效果如图 98-22 所示。至此，本实例制作完成。

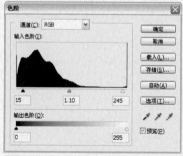

图98-21　　　　　　　　　　　　　图98-22

099 制作车流照片的动感效果

本例中原照片为车流照片，由于相机的原因没能拍摄出速度感，并且色调不够明快，可以通过处理赋予照片图像速度感。在实际应用中需要注意径向模糊中心点的调整，避免径向模糊方向发生错误。

主要使用功能：径向模糊滤镜、图层蒙版、混合模式等。

最终文件路径：Chapter9\99制作车流照片的动感效果\Complete\制作车流照片的动感效果.psd。

拍摄技巧：

在拍摄时，如果想要表现被摄体的动态，最好维持 1/30 秒的快门速度，并将相机设定为快门优先模式。

技巧提示：

径向模糊滤镜是模拟相机的移动或旋转而产生的模糊，制作柔和的模糊效果滤镜。

01 执行 "文件 > 打开" 命令，在弹出的对话框中，选择本书配套光盘中 Chapter9\99制作车流照片的动感效果 \Media\001. jpg 文件，单击 "打开" 按钮打开素材文件，如图 99-1 所示。复制 "背景" 图层，得到 "背景副本" 图层，如图 99-2 所示。

图99-1

图99-2

02 选择 "背景副本" 背景，执行 "滤镜 > 模糊 > 径向模糊" 命令，在弹出的对话框中设置各项参数，如图 99-3 所示，完成后单击 "确定" 按钮。效果如图 99-4 所示。

图99-3

图99-4

03 选择 "背景副本" 图层，单击 "添加图层蒙版" 按钮 ，按下 D 键恢复前景色和背景色的默认设置，单击画笔工具 ，在属性栏中设置各项参数，如图 99-5 所示，涂抹出背景照片远处的终点部分。此时 "图层" 面板如图 99-6 所示，效果如图 99-7 所示。

图99-5

图99-6　　　　　　　图99-7

04 将"背景"图层拖移至"创建新图层"按钮 ▣ 上，再次复制"背景"图层，得到"背景副本 2"图层，如图 99-8 所示。将"背景副本 2"图层拖移至"背景副本"图层的上方，如图 99-9 所示。

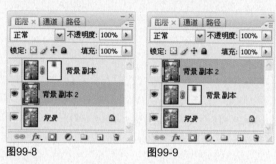

图99-8　　　　　　　图99-9

05 选择"背景副本 2"图层，执行"滤镜 > 模糊 > 径向模糊"命令，在弹出的对话框中设置各项参数，如图 99-10 所示，完成后单击"确定"按钮。效果如图 99-11 所示。

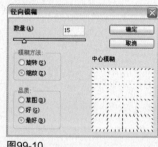

图99-10　　　　　　　图99-11

06 选择"背景副本 2"图层，将其混合模式设置为"叠加"，如图 99-12 所示，效果如图 99-13 所示。至此，本实例制作完成。

图99-12　　　　　　　图99-13

技巧提示：

径向模糊主要有两种模糊方法，即"旋转"和"缩放"。"旋转"主要是在图像上生成旋转扭动的模糊效果，而"缩放"主要是生成直面冲击的模糊效果，给人以速度感。

100 制作城市照片的玻璃反射效果

Before

After

本例中原照片是从窗口向外观看的图像，很适合制作添加玻璃折射的效果，通过图像的合成，增加照片的真实性。在调整时需要注意合成图像的位置。

主要使用功能： 移动工具、图层混合模式、多边形套索工具等。

最终文件路径： Chapter9\100制作城市照片的玻璃反射效果\Complete\制作城市照片的玻璃反射效果.psd。

拍摄技巧：

在拍摄时，可以利用从窗户射进来的光进行拍摄，因为这些光造型能力强，又有很好的投影。反射光的强弱和背景的色调，可以用窗帘遮蔽的方法来调节。可以按所需用百页窗或厚窗帘模拟出硬调的直射光的效果。还可以用薄窗帘把斜射下来的光线变为散射光，甚至可以让它带有某种颜色。浅调的窗纱（不带格子的）可以当柔光器用，能使光线柔和。日光洒在彩色窗帘上所起的作用，和加了彩色滤光片的泛光灯一样。

在拍摄时，可以用白卡纸或报纸做个反光板，利用反射光来照亮阴影处。拍全身像时，可以在拍摄画面外，靠近人体的地方迎着从窗户射入的光线，挂一大张白纸来作为反光板。调整反光板的位置，可调整反射光的强度和分布状况。但运用时应适度，以免太过而失去自然光的特色。

01 执行〝文件 > 打开〞命令，在弹出的对话框中，打开本书配套光盘中 Chapter9\99 制作城市照片的玻璃反射效果 \Media\001. jpg 文件及 002. jpg 文件，如图 100-1、图 100-2 所示。

图100-1

图100-2

02 单击移动工具，将素材文件 002 拖移到素材文件 001 中，得到〝图层 1〞，如图 100-3 所示，运用自由变换命令，适当调整图像的大小及位置，得到如图 100-4 所示的效果。

图100-3

图100-4

03 选择"图层1",将其混合模式设置为"柔光",如图100-5所示,效果如图100-6所示。

图100-5　　　　　图100-6

04 将"图层1"拖移至"创建新图层"按钮 ⬜ 上,复制"图层1",得到"图层1副本"图层,在面板中将其混合模式设置为"滤色","不透明度"设置为50%,如图100-7所示,效果如图100-8所示。

图100-7　　　　　图100-8

05 选择"图层1副本"图层,单击多边形套索工具 🔲,参考图100-9对窗户外的图像建立选区,然后按下快捷键Ctrl+Alt+D羽化选区,在弹出的对话框中将"羽化半径"设置为15像素,如图100-10所示,完成后单击"确定"按钮。选择"图层1副本"图层,按下Delete键删除选区,再选择"图层1"图层,按下Delete键删除选区,再按下快捷键Ctrl+D取消选区,效果如图100-11所示。

图100-9　　　　图100-10　　　　图100-11

06 执行"文件 > 打开"命令,在弹出的对话框中,选择本书配套光盘中Chapter9\100制作城市照片的玻璃反射效果\Media\003.jpg文件,单击"打开"按钮打开素材文件,如图100-12所示。

技巧提示:

多边形套索工具是建立选区的一种工具,每单击一次,都会在图像上出现一个多边形的固定点,双击鼠标左键后可以自动并合形成选区。在照片处理中,多边形套索工具的操作容易并且控制性强,可以灵活地运用该工具快速地对照片中简单的背景建立选区并调整,是实际应用中非常常用的工具之一。

图100-12

07 单击移动工具 ，将素材文件 003 拖移到素材文件 001 中，得到"图层 2"，如图 100-13 所示，按下 Ctrl+T 键，对图像进行自由变换，并将图像调整至合适的位置，再按下 Enter 键确定，得到图 100-14 所示的效果。

图100-13

图100-14

08 选择"图层 2"，在"图层"面板中将其混合模式设置为"滤色"，"不透明度"设置为 40%，如图 100-15 所示，效果如图 100-16 所示。

技巧提示：

在制作玻璃窗户的反光效果时，需要根据实际情况来决定图层混合模式和不透明度的设置。

图100-15

图100-16

09 选择"图层 2"，按住 Ctrl 键的同时单击"图层 1 副本"的图层缩览图，将图像载入选区，再按下 Ctrl+Shift+I 键，反选选区，如图 100-17 所示，按下 Delete 键删除选区，再按下快捷键 Ctrl+D 取消选区，如图 100-18 所示。至此，本实例制作完成。

图100-17

图100-18

101 　增加城市照片的夜景霓虹效果

视频文件：Chapter9\101增加城市照片夜景霓虹效果.exe

Before

After

本例中的原照片为人物夜景照片，由于背景是一个远景，导致照片中的夜景不突出，无法体现夜景的美丽，为了更加突显气氛，可以通过处理添加一些灯光效果，使景色更加美丽。

主要使用功能： 橡皮擦工具、镜头光晕滤镜、亮度/对比度命令、色相/饱和度命令等。

最终文件路径： Chapter 9\101增加城市照片夜景霓虹效果\Complete\增加城市夜景霓虹效果.psd。

拍摄技巧：

在拍摄夜景中的人物时候，要注意场景色温与主体色温之间的区别。如果主体使用5500K标准色温或6000K左右的闪光光源补光，和场景色温的区隔还是小，这时可以考虑使用3200K的光源来进行补光，让主体和场景的色温差异进一步加大，以形成鲜明的视觉冲击力。

测量主体色温时，可让主体在5500K标准色温光源下来进行测量。

01 执行"文件 > 打开"命令，打开本书配套光盘中 Chapter9\101增加城市照片夜景霓虹效果 \Media\001.jpg 文件，如图 101-1 所示。复制"背景"图层后，对"背景副本"图层连续两次应用"镜头光晕"滤镜，效果如图 101-2 所示。

图101-1

图101-2

02 单击橡皮擦工具　将图像中多余的光圈涂抹掉，如图 101-3 所示。再使用"亮度 / 对比度"及"色相 / 饱和度"调整图层命令对图像进行调整，效果如图 101-4 所示。至此，本实例制作完成。

图101-3

图101-4

102 增加照片的阳光折射效果

视频文件：Chapter9\102增加照片的阳光折射效果.exe

Before

After

本例原照片本身有一些阳光折射的效果，但是不够明显和强烈，可以通过调整和处理增强阳光折射效果，使图像更加明亮。实际操作中需要注意的是使用钢笔工具绘制光线轮廓时，要符合实际的光源照射情况。

 主要使用功能： 钢笔工具、色彩平衡命令等。

 最终文件路径： Chapter9\102增加照片的阳光折射效果Complete\增加照片的阳光折射效果.psd。

拍摄技巧：

一般室内的亮度都不如室外，感光的速度很慢，所以即使用三角架拍摄，也很容易照虚。
室内的光反差大，因为室内的光线主要来自于窗户，所以被拍摄对象距窗口的远近以及室内的墙壁、家具等都对被摄对象有很大的影响，如人坐在窗口下，受光不均匀，面部就会一半亮一半暗。为了增加阴暗面的亮度，调节反差，可使用反光板，并观察反光效果，来制造理想的辅助光。

✚ 技巧提示：

注意钢笔工具的运用及 Ctrl 键和鼠标的配合。

01 执行"文件 > 打开"命令，打开本书配套光盘中 Chapter9\102增加照片的阳光折射效果 \Media\001.jpg 文件。如图 102-1 所示。复制"背景"图层，并新建"图层 1"选择钢笔工具，在图像本身的光源旁边绘制出两个矩形路径，再使用转换点来调整路径。将路径转换为选区并应用羽化命令，然后对选区填充白色，效果如图 102-2 所示。设置"不透明度"为 59%，适当调整图像的位置，效果如图 102-3 所示。

图102-1

图102-2

图102-3

02 选择"背景副本"图层，分别使用"色彩平衡"、"亮度 / 对比度"及"渐变填充"调整图层命令，并结合使用图层混合模式与不透明度来调整图层，效果如图 102-4 所示。再调整"图层 1"中图像的"色相 / 饱和度"，效果如图 102-5 所示。至此，本实例制作完成。

图102-4

图102-5

103 制作街景照片的朦胧动感效果

本例中原照片为街景照片，可以对其进行处理，为图像添加朦胧动感的效果，使照片传达给人一种特别的视觉效果。在实际应用中使用动感模糊时，需要注意调整模糊的角度。

 主要使用功能：图层混合模式、高斯模糊滤镜、色相/饱和度命令、图层蒙版、曲线命令、色阶命令等。

 最终文件路径：Chapter9\103制作街景照片的朦胧动感效果\Complete\制作街景照片的朦胧动感效果.psd。

拍摄技巧：

拍摄较大建筑时，首先考虑的是如何减小透视变形（下大上小）问题。如果有条件的话，可在附近找到一个与建筑腰部齐平的位置拍摄，来最大化地减小变形。如果在地面拍摄较大建筑，为减小透视变形，将拍摄距离拉远一些，也是一个行之有效的办法。

人文景观拍摄的特点是反映景观的人文特征，如本例中与建筑同等重要的还有镇上的居民的活动。

01 执行"文件 > 打开"命令，在弹出的对话框中，选择本书配套光盘中Chapter9\103制作街景照片的朦胧动感效果\Media\001.jpg文件，单击"打开"按钮打开素材文件，如图103-1所示。

图103-1

02 将"背景"图层拖移至"创建新图层"按钮 🔲 上，复制"背景"图层，得到"背景副本"图层。选择"背景副本"图层，将其混合模式设置为"滤色"，如图103-2所示，效果如图103-3所示。

图103-2

图103-3

03 选择"背景副本"图层，执行"滤镜 > 模糊 > 高斯模糊"命令，在弹出的对话框中设置"半径"为50像素，如图103-4所示，完成后单击"确定"按钮，效果如图103-5所示。

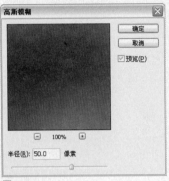 

图103-4 图103-5

04 执行"图像 > 调整 > 色相/饱和度"命令，在弹出的对话框中设置"饱和度"为 +80，如图103-6所示，完成后单击"确定"按钮，效果如图103-7所示。

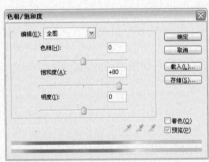

图103-6 图103-7

技巧提示：

动感模糊滤镜可以根据需要在数值框中准确输入数值来设置角度，也可以手动调整反向的旋转钮来进行设置。

05 将"背景"图层拖移至"创建新图层"按钮 上，再次复制"背景"图层，得到"背景副本 2"图层。再将"背景副本 2"图层拖移至"背景副本"图层的上方。选择"背景副本 2"图层，执行"滤镜 > 模糊 > 动感模糊"命令，在弹出的对话框中设置各项参数，如图103-8所示。完成后单击"确定"按钮，效果如图103-9所示。

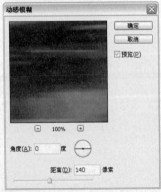 

图103-8 图103-9

06 选择"背景副本 2"图层，单击"添加图层蒙版"按钮 ，按下 D 键恢复前景色和背景色的默认设置，使用画笔工具 ，涂抹出照片中天空及房屋部分。效果如图103-10所示。

技巧提示：

可以根据爱好自定义画笔来绘制不同的图案。首先执行“窗口 > 画笔”命令，打开“画笔”面板，在面板中按照所需进行设置。然后，单击面板右上角的快捷箭头，在弹出的快捷菜单中选择“新建画笔预设”命令，并在弹出的对话框中输入画笔的名称，完成后单击“确定”按钮。使用时，只需在画笔属性栏中的“工具预设”选取器中选择所需画笔即可。

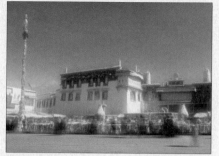

图103-10

07 执行“图像 > 调整 > 曲线”命令，在弹出的对话框中设置各项参数，如图 103-11 所示，完成后单击“确定”按钮，效果如图 103-12 所示。

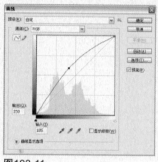

图103-11

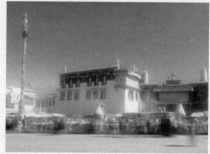

图103-12

08 选择“背景副本”图层，执行“图像 > 调整 > 色阶”命令，在弹出的对话框中分别设置 RGB 通道、“红”通道和“蓝”通道的色阶参数，如图 103-13 ～图 103-15 所示，完成后单击“确定”按钮，效果如图 103-16 所示。至此，本实例制作完成。

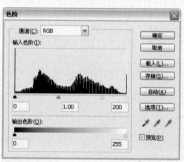

图103-13

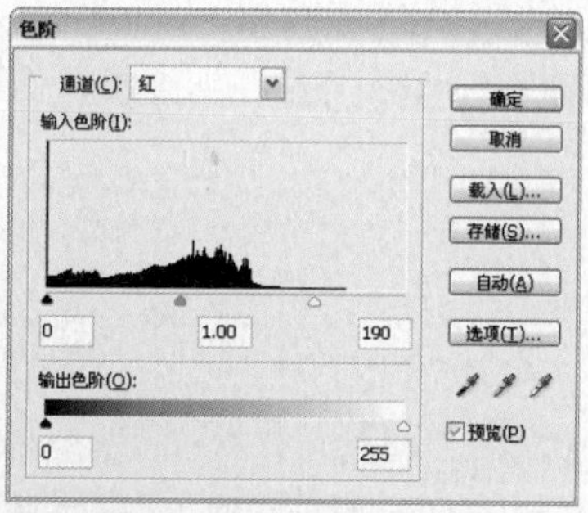

图103-14

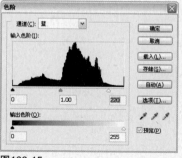

图103-15

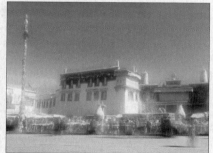

图103-16

104 制作照片的夜景街灯效果

视频文件：Chapter9\104制作照片的夜景街灯效果.exe

Before

After

本例中原照片的场景过于单一冷清，可以通过添加街灯，来达到活跃气氛的效果，让原本感到孤单的照片充满温暖。在实际操作中需要注意路灯位置的对称放置。

主要使用功能： 镜头光晕滤镜、套索工具、亮度/对比度命令等。

最终文件路径： Chapter 9\104制作照片的夜景街灯效果\Complete\制作照片的夜景街灯效果.psd。

拍摄技巧：

拍摄夜景照片时，要选择环境优美，并且具有可看性的场景进行拍摄。可以运用从远到近的透视拍摄手法。

技巧提示：

在使用"镜头光晕"命令的时候，注意两旁路灯应有的位置，对称和大小，注意树木对灯光的遮挡。

01 执行"文件 > 打开"命令，打开本书配套光盘中 Chapter 9\104 制作照片的夜景街灯效果 \Media\001.jpg 文件，如图 104-1 所示。复制"背景"图层，并对"背景副本"图层执行"镜头光晕"命令，在有灯的位置添加镜头光晕效果，效果如图 104-2 所示。

图104-1

图104-2

02 使用套索工具为路灯建立选区，复制图像并进行水平翻转，再调整图像放置在左边对应的路灯位置上。然后使用橡皮擦工具擦除多余图像，再使用画笔工具及混合模式调整灯光的颜色，效果如图 104-3 所示。再应用"亮度 / 对比度"调整图层命令调整灯光的亮度，并适当加入镜头光晕效果，效果如图 104-4 所示。至此，本实例制作完成。

图104-3

图104-4

105 制作照片的缤纷烟花效果

视频文件：Chapter9\105制作照片的缤纷烟花效果.exe

Before

After

本例中原照片为街景烟花照片，可以为其添加烟花并增加朦胧感和动感，使照片产生独特的效果。

主要使用功能： 画笔工具、色阶命令、色彩平衡等。

最终文件路径： Chapter 9\105制作照片的缤纷烟花效果\Complete\制作照片的缤纷烟花效果.psd。

拍摄技巧：

拍摄夜景中的烟花，时间较为紧张，因此比较困难。可提前将照相机架好，等烟花将要升放时，打开 B 门，即可轻松拍摄到夜空中绽放的烟花。

技巧提示：

画笔工具的功能比较强大，可以根据自己的需要选择一些特殊笔刷，还可以自定义一些笔刷。

01 执行"文件 > 打开"命令，打开 Chapter9\105 制作照片的缤纷烟花效果 \Media\001.jpg 文件。复制"背景"图层，新建"图层 1"，将前景色设置为橙色（R255、G90、B0），单击画笔工具 ，并在"画笔"面板中设置画笔笔尖形状为"Sampled Tip43"，并分别设置"形状动态"、"颜色动态"的参数，然后在图像上进行绘制，效果如图 105-1 所示。再选择不同的颜色并适当设置画笔多次进行绘制，效果如图 105-2 所示。

图105-1

图105-2

02 选择"背景副本"图层，单击套索工具 ，在图像上对烟花部分建立选区，羽化选区并设置"羽化半径"为 100 像素。执行"色阶"命令调整选区亮度，效果 105-3 所示。再对选区执行"色彩平衡"命令，完成后按下 Ctrl+D 取消选区，效果如图 105-4 所示。使用相同方法在水面上烟花相应的位置创建选区并进行色彩调整，效果如图 105-5 所示。至此，本实例制作完成。

图105-3

图105-4

图105-5

读书笔记

Chapter

10

人物照片的艺术与创意效果制作

想让你的照片更具艺术气息吗？想让你的照片换点新花样吗？想和没有办法一起合影的人一起出现在同一照片中吗？想在照片中出现多胞胎人物效果吗？想去掉照片中不喜欢的人吗？想要给照片换个场景吗？这些问题在本章都可以找到，并且一一进行解决。本章主要是针对人物照片的不足和缺陷进行一些处理和特效制作，通过本章的学习，来激发无限的创意，使您在以后的照片处理和制作中，更加得心应手。

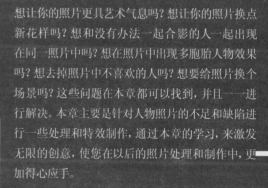

04/10/04

106 为人物照片易容

视频文件：Chapter10\106为人物照片易容.exe

Before

After

　　本例中原照片是一张普通的生活照，可以将生活照与一些自己喜欢的明星照进行合成，表现"移形大法"的神奇效果。在实际应用中需要注意原照片与明星照片脸部角度的统一。

　主要使用功能：套索工具、橡皮擦工具、色阶命令、色彩平衡命令等。

　最终文件路径：Chapter10\106为人物照片易容\Complete\为人物照片易容.psd。

拍摄技巧：

在拍摄人物照片时需要注意美化人物姿态，其方法如下：

头部和身体忌成一条直线。两者如成直线，难免会有呆板之感。因此，当身体正面朝向镜头时，头部应该稍微向左或向右转一些，这样照片就会显得优雅而生动；同理，当被摄者眼睛正视镜头时，让身体转成一定的角度，会使画面显得有生气和动势，并能增强立体感。

01 执行"文件 > 打开"命令，打开本书配套光盘中 Chapter10\106 为人物照片易容 \Media\001.jpg 文件及 002.jpg 文件。单击套索工具，在 001.jpg 文件的人物脸部创建选区，如图 106-1 所示。再使用移动工具，将选中的图像拖移到 002 中，自动生成"图层 1"，如图 106-2 所示。再运用自由变换命令调整图像的大小及角度，并单击橡皮擦工具，擦除多余的边缘，效果如图 106-3 所示。

图106-1

图106-2

图106-3

02 分别执行"图像 > 调整 > 色阶"，"图像 > 调整 > 色彩平衡"命令，如图 106-4、图 106-5 所示，效果如图 106-6 所示。至此，本实例制作完成。

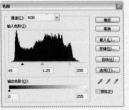
图106-4

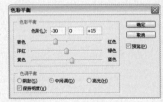
图106-5

图106-6

107 为衣服添加印花

Before

After

　　本例原照片中小女孩的衣服较为普通，不能体现儿童的活泼可爱，可以为儿童的衣服添加一些可爱的图案，使照片更加生动。在实际应用中需要注意图案与衣服的变形情况是否相符。

　主要使用功能：色阶命令、图层混合模式、自由变换命令等。

　最终文件路径：Chapter10\107为衣服添加印花\Complete\为衣服添加印花.psd。

拍摄技巧：

拍摄时，使照片背景虚化从而突出人物的方法为：

（1）将变焦倍率设置为最大。

（2）选择尽可能远的背景。

（3）增大镜头光圈。

如果同时使用这三种方法，能够得到更显著的背景虚化效果。

01 执行"文件 > 打开"命令，在弹出的对话框中，选择本书配套光盘中Chapter10\107为衣服添加印花 \Media\001.jpg 文件，单击"打开"按钮打开素材文件，如图 107-1 所示。将"背景"图层拖移至"创建新图层"按钮 上，复制"背景"图层，得到"背景副本"图层，如图 107-2 所示。

图107-1

图107-2

02 选择"背景副本"图层，执行"图像 > 调整 > 色阶"命令，在弹出的对话框中设置各项参数，如图 107-3 所示，完成后单击"确定"按钮，效果如图 107-4 所示。

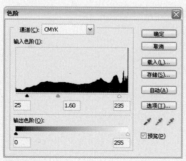
图107-3

图107-4

03 执行"文件 > 打开"命令，在弹出的对话框中，选择本书配套光盘中 Chapter10\107为衣服添加印花 \Media\002.jpg 文件，单击"打开"按钮打 开素材文件，如图 107-5 所示。

图107-5

04 单击移动工具 ，将素材图片 002 拖移至图片 001 中，自动生成"图 层 1"，如图 107-6 所示，按下 Ctrl+T 键，对其进行自由变换并调整到合适 的位置，完成后按下 Enter 键确定，效果如图 107-7 所示。

图107-6

图107-7

05 选择"图层 1"，将其混合模式设置为"变暗"，如图 107-8 所示，效 果如图 107-9 所示。

技巧提示：

巧妙运用图层混合模式能有效 地将图案与衣服的光感自然地 结合在一起，而不是很生硬地 叠加在一起。

图107-8

图107-9

06 选择"图层 1"，执行"图像 > 调整 > 色阶"命令，在弹出的对话框 中设置各项参数，如图 107-10 所示，完成后单击"确定"按钮，效果如图 107-11 所示。

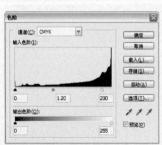

图107-10

图107-11

07 将"图层 1"拖移至"创建新图层"按钮 ▣ 上，复制"图层 1"，得到"图层 1 副本"图层，如图 107-12 所示。按下 Ctrl+T 键，对其进行自由变换并调整到合适的位置，完成后按下 Enter 键确定，效果如图 107-13 所示。

图107-12　　　　　　图107-13

技巧提示：

这里需要根据衣服的褶皱效果来进行适当变形处理，以使褶皱部分与图案自然地吻合。

08 单击套索工具，拖选出人物衣服折皱部分，如图 107-14 所示。按下 Ctrl+T 键，对选区图像进行自由变换并调整到合适的位置，完成后按下 Enter 键确定，再按下 Ctrl+D 取消选区，效果如图 107-15 所示。

图107-14　　　　　　图107-15

09 按照步骤 8 的方法，继续修整人物衣服折皱部分，完成后效果如图 107-16 所示。至此，本实例制作完成。

图107-16

108 变换衣服的颜色

Before

After

本例原照片中儿童服装的颜色不太符合儿童的年龄，可以通过调整和处理转换衣服的颜色，使照片更加明亮活泼。在实际应用中需要注意调整的衣服颜色一定要体现儿童的特点。

主要使用功能： 色阶命令、钢笔工具、可选颜色命令等。

最终文件路径： Chapter10\108变换衣服的颜色\Complete\变换衣服的颜色.psd。

拍摄技巧：

在拍摄人物照片时尽量使用垂直的构图方法。使用垂直的方式来拍摄会使人物的表现力更强烈。

合理的运用快门速度。有时候我们会拍一些具有动感效果的照片。但有时使用 AUTO 档或 P 档拍的室内照片会出现模糊的现象，那就是因为快门速度没有能够跟上的原因。

01 执行"文件 > 打开"命令，在弹出的对话框中，选择本书配套光盘中 Chapter10\108 变换衣服的颜色 \Media\001.jpg 文件，单击"打开"按钮打开素材文件，如图 108-1 所示。复制"背景"图层，得到"背景副本"图层，如图 108-2 所示。

图108-1   图108-2

02 选择"背景副本"图层，单击钢笔工具，并在属性栏中进行设置，如图 108-3 所示。再在图像上勾画出人物衣服部分，如图 108-4 所示，选择"路径"面板，此时"路径"面板如图 108-5 所示，最后按下 Enter 键确定。

图108-3   图108-4   图108-5

03 单击钢笔工具，在图像上勾画出人物的右手臂部分，如图 108-6 所示，选择"路径"面板，得到"路径 1"和"工作路径"，如图 108-7 所示。

技巧提示：

钢笔工具可以绘制出复杂的不规则曲线或者直线，这个工具被广泛应用于绘制标志、勾勒轮廓、绘制图案等操作中，是Photoshop中最基本的也是必备的功能。

按住 Ctrl+Alt 键的同时，先单击"路径 1"，再单击"工作路径"，得到选区，如图 108-8 所示。

图108-6　　　图108-7　　　　　　　　　　　图108-8

04 返回"图层"面板，选择"背景副本"图层，单击"图层"面板中的"创建新的填充或调整图层"按钮 ，在下拉菜单中选择"纯色"命令，在弹出的"拾取实色"对话框中设置颜色为蓝色（R33、G72、B237），如图108-9 所示，完成后单击"确定"按钮。效果如图 108-10 所示。

技巧提示：

衣服的颜色可以根据自己的喜好来调整，这里不是一定要用蓝色。

图108-9　　　　　　　　　　　　图108-10

05 选择"颜色填充 1"图层，将其混合模式设置为"叠加"，如图 108-11 所示，效果如图 108-12 所示。

图108-11　　　　　　　　图108-12

06 选择"背景副本"图层，执行"图像 > 调整 > 色阶"命令，在弹出的对话框中设置各项参数，如图 108-13 所示，完成后单击"确定"按钮，效果如图 108-14 所示。

技巧提示：

在图像调整中包括自动调整命令，这主要针对还不能熟练掌握颜色调整的用户设置的功能。使用自动命令后，可以轻松调整图像的亮度、灰度、暗度的颜色、图像的亮度和饱和度，以及颜色的对比度，通过调整使照片显得更加清晰，来达到最佳的图像效果。

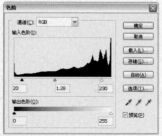 

图108-13　　　　　　　　图108-14

07 执行"图像 > 调整 > 可选颜色"命令,在弹出的对话框中分别选择"红色"、"青色"和"黑色"选项,并调整各项参数,如图108-15~图108-17所示。完成后单击"确定"按钮,效果如图108-18所示。至此,本实例制作完成。

图108-15

图108-16

图108-17

图108-18

读书笔记

109 合成异国之旅

视频文件：Chapter10\109合成异国之旅.exe

Before

After

本例中原照片的人物背景比较杂乱，可以为原图更换一个背景，体验一下异国之旅。在实际应用中需要注意人物的投影和光线要与背景相吻合。

主要使用功能： 画笔工具、移动工具、色相/饱和度、色阶命令等。

最终文件路径： Chapter10\109合成异国之旅\complete\109合成异国之旅.psd。

拍摄技巧：

近拍是我们经常会使用到的拍摄方法。

使用近拍静的方法：在镜头前加上凸透镜，将景物放大，市场上单片的，也有三片一组的（一般为 +1、+2、+4），可以两片一起使用，但需注意两片以上一起使用会使景物产生放射状变形。

技巧提示：

按下 Q 键即可将前面创建的快速蒙版转换为选区。

01 执行"文件 > 打开"命令，打开本书配套光盘中 Chapter10\109合成异国之旅 \Media\001.jpg 文件。使用快速蒙版涂抹出人物部分，如图 109-1 所示，退出快速蒙版模式，得到并反选选区，如图 109-2 所示。再执行"文件 > 打开"命令，打开本书配套光盘中 Chapter10\109 合成异国之旅 \Media\002.jpg 文件，如图 109-3 所示。

图109-1

图109-2

图109-3

02 单击移动工具，将素材 001 中的选区图像拖移至素材 002 中，自动生成"图层 1"，擦除多余图像并调整图像的位置、大小，执行"色阶"及"色彩平衡"命令，效果如图 109-4 所示。选取人物的皮肤部分并利用"曲线"命令来调整颜色。复制"图层 1"图层，调整"图层 1 副本"的图像来制作阴影并执行"色相 / 饱和度"命令，效果如图 109-5 所示。将"图层 1 副本"图层拖移至"图层 1"下层，并设置混合模式为"柔光"。再调整"背景"图层的色相 / 饱和度。最后可根据喜好再调整曲线、色阶等，以达到理想的效果，最终效果如图 109-6 所示。至此，本实例制作完成。

图109-4

图109-5

图109-6

110 合成多胞胎效果

视频文件：Chapter10\110合成多胞胎效果.exe

Before

After

本例中原照片的人物比较单调，可以通过添加多个"自己"巧做多胞胎效果，不仅丰富照片的内容，而且还很有新意。在实际应用中需要说明的是，在拼合图像的时候，一定要注意图像之间的结合，不能够出现有缝隙或错位的现象，以免影响照片的视觉效果。

主要使用功能： 套索工具、移动工具、文字工具、橡皮擦工具等。

最终文件路径： Chapter10\110合成多胞胎效果\Complete\合成多胞胎效果.psd。

拍摄技巧：

要制作多胞胎效果图像，应事先做好准备。要选择适当的场景，并在同一场景内拍摄出不同动作的一组照片，方便最后的合成。

技巧提示：

在合成人物的时候要注意调整角度。在使用橡皮擦的时候可把图放大后再进行处理，以得到最佳效果。

01 执行"文件 > 打开"命令，打开本书配套光盘中 10\110 合成多胞胎效果 \Media\001.jpg、002.jpg 和 003.jpg 文件。单击套索工具 分别圈选 002.jpg、003.jpg 中人物，并使用移动工具，拖移到 001.jpg 文件中。适当调整图像，效果如图 110-1 所示。再在图像中绘制椭圆，并使用描边命令及画笔工具进行修饰，如图 110-2 所示。再适当添加文字，如图 110-3 所示。

图110-1

图110-2

图110-3

02 新建图层后，使用渐变工具，进行由白到粉红色的渐变填充，如图 110-4 所示。再使用橡皮擦工具擦除多余图像，如图 110-5 所示。最后添加一些图案来渲染气氛。如图 110-6 所示。至此，本实例制作完成。

图110-4

图110-5

图110-6

111 将合影变成单人照

Before

After

　　本例中原照片是一张两人合照，可以通过处理将合影照片变成单人照片，并配合调色命令调整照片的颜色。在实际应用中需要注意修补的细节。

⚙ **主要使用功能：**色阶命令、多边形套索工具、移动工具、仿制图章工具、修补工具等。

💿 **最终文件路径：**Chapter10\111将合影变成单人照\Complete\将合影变成单人照.psd。

拍摄技巧：

拍摄合影照片的时候，一定要注意调动合影人的情绪，捕捉最佳的瞬间，表现合影人之间的默契。

01 执行"文件 > 打开"命令，在弹出的对话框中，选择本书配套光盘中Chapter10\111将合影变成单人照 \Media\001.jpg 文件，单击"打开"按钮打开素材文件，如图 111-1 所示。将"背景"图层拖移至"创建新图层"按钮 🔲 上，复制"背景"图层，得到"背景副本"图层，如图 111-2 所示。

图111-1

图111-2

02 单击多边形套索工具 🔽，圈选出需修改部分如图 111-3 所示，单击矩形选框工具 🔲，将虚线部分拖移至干净的地面区域，如图 111-4 所示。

图111-3

图111-4

技巧提示:

在修复的时候尽量一小块一小块地复制,以免造成复制的效果粗糙。

03 按下快捷键 Ctrl+Alt+D 羽化选区,在弹出的对话框中设置"羽化半径"为 2 像素,如图 111-5 所示,完成后单击"确定"按钮。单击移动工具 ,按住 Alt 键的同时进行拖动,将选区至需要修改部分,完成后按下快捷键 Ctrl+D 取消选区,效果如图 111-6 所示。

图111-5　　　　　　　　　　图111-6

04 使用上面相同的方法,修改人物衣裙部分,效果如图 111-7 所示。再选取相同的背景,修改人物头像及衣服部分,效果如图 111-8 所示。

图111-7　　　　　　　　　图111-8

05 单击仿制图章工具 ,在属性栏中设置参数,如图 111-9 所示,按住 Alt 键的同时单击吸取栏杆后地面的干净部分,然后松开 Alt 键,对栏杆的边缘进行修复,效果如图 111-10 所示。

图111-9　　　　　　　　　　　　　　　图111-10

技巧提示:

配合使用修补工具及仿制图章工具修复图像时,一定要注意修复的细节,特别是边缘区域。

06 单击修补工具 ,并结合使用仿制图章工具,对图像不完善的部分进行细致修复,完成后效果如图 111-11 所示。选择"背景副本"图层,执行"图像 > 调整 > 色阶"命令,在弹出的对话框中设置各项参数,如图 111-12 所示。完成后单击"确定"按钮,效果如图 111-13 所示。

图111-11　　　　　　　　图111-12

图111-13

07 执行"图像 > 调整 > 可选颜色"命令，在弹出对话框的"颜色"下拉列表分别选择"红色"和"绿色"选项，并调整参数，如图111-14、图111-15所示。完成后单击"确定"按钮，效果如图111-16所示。至此，本实例制作完成。

图111-14

图111-15

图111-16

读书笔记

112 添加合影人

视频文件：Chapter10\112添加合影人.exe

Before

After

　　本例原照片由于背景所占空间较大，人物显得过于单调可以通过处理添加合影人，丰富照片内容。在实际操作中要注意添加的人物和原人物的角度光线是否合适。

主要使用功能： 抽出命令、移动工具、自定形状工具、画笔工具等。

最终文件路径： Chapter10\112添加合影人\Complete\添加合影人.psd。

拍摄技巧：

如果想得到合影照片，但是想要合影的人却没有同去，就需要在拍摄的时候预先留出合影人将出现的位置，并配合作出与他人互动的表情，以便进行后期制作。

技巧提示：

选择合成照片的人物时，注意人物与将合成照片中人物的和谐度。调整需合成人物的大小，位置，使之与背景成比列。

01 执行"文件 > 打开"命令，打开本书配套光盘中 10\112 添加合影人 \ Media\001.jpg 文件、002.jpg 文件，如图 112-1、图 112-2 所示。

图112-1　　　　　　　　　　图112-2

02 执行"滤镜 > 抽出"命令，将 002.jpg 中人物选取出来，单击移动工具，拖移到 001.jpg 文件中，并按下快捷键 Ctrl+T 调整图像的大小及位置，并使用橡皮擦工具擦除多余的图像，效果如图 112-3 所示。结合使用画笔工具与自定形状工具绘制些可爱的陪衬，如图 112-4 所示。至此，本实例制作完成。

图112-3　　　　　　　　　　图112-4

113 为照片添加个性相框

Before

After

本例中原照片是一张普通的人物照片，但是照片传递给人一种艺术气息，可以适当添加一些个性元素，使照片更具视觉性。在实际操作中需要注意适当设置相片拼接的角度，以免产生过分变形的效果。

主要使用功能：移动工具、多边形套索工具、图层样式、色阶命令等。

最终文件路径：Chapter 10\113为照片添加个性相框\Complete\为照片添加个性相框.psd。

拍摄技巧：

本例中原照片有些模糊，焦距不够准确，导致照片的中心人物不突出。为了避免出现类似现象可以采用下面两项简单防范措施中的任意一项来避免照相机的震动。第一：以足够高的快门速度进行拍摄，来消除明显的照相机震动。第二：使用三脚架。如果想拍摄到顶级质量的照片，三脚架是绝对必要的。只要条件允许就应使用它。

技巧提示：

按住 Alt 键在其内部进行绘制，即可减选选区的内容。使选区为一个矩形边框。

01 执行"文件 > 打开"命令，在弹出的对话框中，选择本书配套光盘中 Chapter10\113为照片添加个性相框 \Media\001.jpg 文件，单击"打开"按钮打开素材文件，如图 113-1 所示。复制"背景"图层，得到"背景副本"图层，如图 113-2 所示。

图113-1

图113-2

02 新建"图层1"，单击矩形选框工具，在图像上创建一矩形选区，如图 113-3 所示，按住 Alt 键的同时拖动鼠标，在选区内部再创建一个较小的矩形选区，如图 113-4 所示。

图113-3

图113-4

03 按下 D 键恢复前景色和背景色的默认设置，按下快捷键 Ctrl+Delete，为选区填充白色，如图 113-5 所示。再按下快捷键 Ctrl+T，对选区进行自由变换，并将其调整至合适的位置，完成后按下 Enter 键确定，再按下快捷键 Ctrl＋D 取消选区，效果如图 113-6 所示。

图113-5　　　　　　　图113-6

04 选择"图层 1"，单击移动工具 ，按住 Alt 键的同时拖动白色边框，松开 Alt 键，自动生成"图层 1 副本"图层，如图 113-7 所示，效果如图 113-8 所示。选择"图层 1 副本"图层，按下 Ctrl＋T 键，对选区进行自由变换，并将其调整至合适的位置，完成后按下 Enter 键确定，效果如图 113-9 所示。

图113-7　　　　　　　图113-8　　　　　　　图113-9

05 按照上面相同方法制作多个白色边框，并调整其位置，效果如图 113-10 所示。选择"图层 1"，单击多边形套索工具 ，拖选出需要删除部分，如图 113-11 所示，按下 Delete 键删除选区，最后按下 Ctrl＋D 键取消选区，效果如图 113-12 所示。

图113-10　　　　　　　图113-11　　　　　　　图113-12

06 依次选择各个图层，按照相同的方法根据需要删除重复部分，效果如图 113-13 所示。双击位于图像中央的边框所在的图层，在弹出的对话框中设置其"投影"和"内阴影"的参数，如图 113-14 和 113-15 所示，完成后单击"确定"按钮，效果如图 113-16 所示。

技巧提示：

为图像添加投影可以增强图像的立体感，多用于制作网络相册等合成效果。

图113-13

图113-14

图113-15

图113-16

07 选择"背景副本"图层，执行"图像 > 调整 > 色阶"命令，在弹出的对话框中设置各项参数，如图 113-17 所示，完成后单击"确定"按钮，效果如图 113-18 所示。

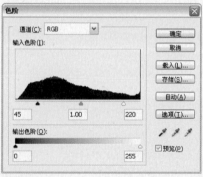

图113-17

图113-18

技巧提示：

单击多边形套索工具，在图像上建立选区后，按住 Shift 键同时进行操作可添加选区，按住 Alt 键同时进行操作可减去选区。

08 单击多边形套索工具 ，圈选出中心人物部分，如图 113-19 所示。执行"滤镜 > 锐化 >USM 锐化"命令，在弹出的对话框中设置各项参数，如图 113-20 所示，完成后单击"确定"按钮，效果如图 113-21 所示。

图113-19

图113-20

图113-21

09 执行"图像 > 调整 > 色阶"命令，在弹出的对话框中设置各项参数，如图 113-22 所示，完成后单击"确定"按钮，效果如图 113-23 所示。

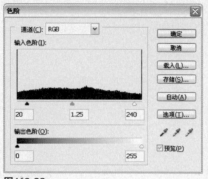

图113-22

图113-23

10 按下 Ctrl+Shift+I 键，反选选区，再执行"滤镜 > 模糊 > 高斯模糊"命令，在弹出的对话框中设置"半径"为 5 像素，如图 113-24 所示，完成后单击"确定"按钮，效果如图 113-25 所示。至此，本实例制作完成。

图113-24

图113-25

读书笔记

Chapter

数码照片的创意合成特效

本章主要对数码照片进行一些合成和特效制作，为照片添加环境因素从而达到美化照片的效果，比如增加雪景效果、彩虹效果、云雾效果、秋日落叶效果等等。通过本章的学习，可以更好地掌握图像处理功能，轻松的为照片添加一些环境气氛，也可发挥自己的想象，制作出更加具有视觉效果的照片。

114 合成冬日雪景特效

视频文件：Chapter11\11\114合成冬日雪景特效.exe

Before

After

本例中原照片充满春意，可以添加季节因素，转换照片中景物的季节，丰富照片的内容。在处理时要注意滤镜的设置必须根据图片的实际情况来决定。

主要使用功能： 通道面板、胶片颗粒滤镜、图层样式等。

最终文件路径： Chapter11\114合成冬日雪景特效\Complete\合成冬日雪景特效.psd。

拍摄技巧：

如想制作不同季节的照片效果，在拍摄前应认真考虑环境因素，看是否符合那个季节的规律。

技巧提示：

在选择通道的时候可以根据照片本色的色调进行选择，这里选择的是绿色通道，也可以选择其他通道，还可以对选择的通道进行曲线，色阶的调整使其达到更完美的效果。

一般制作雪景效果时都可以使用胶片滤镜。可根据图片本身的风格选择颗粒大小。

技巧提示：

使用"斜面和浮雕"图层样式，可以让覆盖的雪更加逼真。

01 执行"文件>打开"命令，打开 Chapter11\114合成冬日雪景特效\Media\001.jpg 文件，如图 114-1 所示。复制"背景"图层，得到"背景副本"图层。再选择"通道"面板，复制"绿"通道，并对"绿副本"通道执行"滤镜>艺术效果>胶片颗粒"命令，如图 114-2 所示。按下 Ctrl 同时单击"绿副本"通道缩览图，将图像载入选区，返回"图层"面板，新建"图层1"，并对选区填充白色，按下 Ctrl+D 取消选区，效果如图 114-3 所示。

图114-1

图114-2

图114-3

02 选择"图层1"，为图层添加"斜面和浮雕"的图层样式，并设置各项参数，如图 114-4 所示，完成后效果如图 114-5 所示。选择"背景副本"图层，执行"色阶"命令调整图像，如图 114-6 所示，效果如图 114-7 所示。至此，本实例制作完成。

图114-4

图114-5

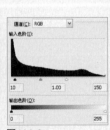
图114-6

图114-7

115 合成绵绵细雨特效

视频文件：Chapter11\115合成绵绵细雨特效.exe

Before

After

　　本例原照片中的花朵本身处于潮湿的环境中，为了更好地烘托出花朵生长的环境，体现照片的特点，可以通过合成绵绵细雨来体现环境的潮湿。在实际操作中需要注意合成图像的真实性。

主要使用功能：移动工具、图层混合模式、亮度/对比度命令等。

最终文件路径：Chapter11\115合成绵绵细雨特效\Complete\合成绵绵细雨特效.psd。

拍摄技巧：
想要拍摄出阴暗效果的花卉照片，可以选择阴天或者雨后进行拍摄，拍摄时可选择色彩鲜艳的花朵。

技巧提示：
拖移细雨文件的时候，注意调整图层的混合模式、不透明度及填充，以使图像更加自然。

01 执行"文件＞打开"命令，打开本书配套光盘中 Chapter11\115 合成绵绵细雨特效 \Media\001.jpg 和 002.jpg，如图 115-1 和图 115-2 所示。

图115-1

图115-2

02 单击移动工具 ，将 002.jpg 文件拖动到 001.jpg 文件中，自动生成"图层 1"，调节图层模式、不透明度及填充值，并执行"亮度 / 对比度"调整图层命令，效果如图 115-3 所示。再复制"图层 1"，并将"图层 1 副本"放置于图层最上层，并设置图层的混合模式、不透明度及填充值，效果如图 115-4 所示。至此，本实例制作完成。

图115-3

图115-4

116 合成绚美彩虹效果

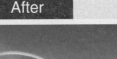

Before

After

本例中原照片是一张风景秀美并且视野开阔的风光照片，但是照片整体没有亮点，可以为其合成彩虹效果，使照片中原本晴朗的天空变得更加生动。在实际应用中需要注意彩虹与倒影之间的对比和距离。

 主要使用功能： 渐变填充命令、极坐标滤镜、高斯模糊滤镜、图层混合模式等。

 最终文件路径： Chapter11\116合成绚美彩虹效果\Complete\合成绚美彩虹效果.psd。

拍摄技巧：

在拍摄彩虹照片时，由于长波光折射得最少，而短波光折射得最多，所以彩虹的外缘总是红色，而内缘总是紫色。这时，要像拍摄日落一样不使用曝光，才能使我们所拍摄的彩虹具有饱和的色彩。可通过调整一级光圈或快门速度来减少曝光量。

如果彩虹后面的天空过于阴暗就要缩小一级半光圈。加一个偏光镜也能改善色彩。

还可以尝试使用各种焦距的镜头来拍摄彩虹并试验各种构图。例如，用一个16毫米的镜头，就能表现一个完整的彩虹，而用200毫米的镜头可以拍出彩虹的一端与地面垂直相交的动人景色。各种不同的变焦镜头使您可以轻松地变换各种构图。

技巧提示：

极坐标中有两个选项，根据需要选择不同的模式，其效果也是不同的。

01 执行"文件＞新建"命令，在弹出的对话框中设置各项参数，如图116-1所示，完成后单击"确定"按钮。单击渐变工具 ，在属性栏中单击"渐变条"，在弹出对话框的"预设"选项中选择"透明彩虹"，如图116-2所示，完成后单击"确定"按钮。

图116-1

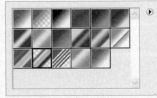
图116-2

02 然后再在新建文件"彩虹"中从上到下进行渐变填充，如图116-3所示。生成"图层1"，选择"图层1"，执行"滤镜＞扭曲＞极坐标"命令，在弹出的对话框中设置各项参数，如图116-4所示，完成后单击"确定"按钮，效果如图116-5所示。

图116-3

图116-4

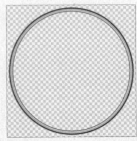
图116-5

03 执行"文件＞打开"命令，在弹出的对话框中，选择本书配套光盘中 Chapter11\116合成绚美彩虹效果\Media\001.jpg 文件，单击"打开"按钮 打开素材文件，如图 116-6 所示。将"背景"图层拖动到"创建新图层"按 钮 上，复制"背景"图层，得到"背景副本"图层，如图 116-7 所示。

图116-6

图116-7

04 单击移动工具 ，将新建文件"彩虹"拖移到素材文件 001 中，自动 生成"图层 1"，如图 116-8 所示，再按下快捷键 Ctrl+T 对图像进行自由变换， 完成后按下 Enter 键确定，如图 116-9 所示。

图116-8

图116-9

05 选择"图层 1"，将混合模式选择为"滤色"，如图 116-10 所示，得到 如图 116-11 所示的效果。

图116-10

图116-11

06 选择"图层 1"，单击"添加图层蒙版"按钮 ，按下 D 键恢复前 景色和背景色的默认设置，单击渐变工具 ，选择"前景到透明"，如图 116-12 所示，在图层蒙版上拖动鼠标进行填充，效果如图 116-13 所示。

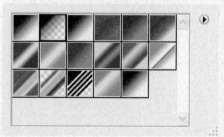

图116-12

图116-13

技巧提示：
滤色模式主要是增加图像的亮 度，同时减弱图像的饱和度， 对照片处理而言常用于制作两 张照片的叠加，也可在照片上 添加光照效果。

技巧提示：
单击渐变工具属性栏中的"渐 变条"，可在弹出的对话框中 进行设置。在"预设"选项中 有很多渐变样式可供选择，不 同的渐变样式，在照片的处理 中会得到不同的效果，使照片 处理更加丰富和灵活，同时它 也广泛应用于平面广告的一些 图像设计中。

07 选择"图层1",执行"滤镜＞模糊＞高斯模糊"命令,在弹出的对话框中将"半径"设置为6像素,如图116-14所示,完成后单击"确定"按钮,如图116-15所示。将"图层1"拖动到"创建新图层"按钮 上,复制"图层1",得到"图层1副本"图层,如图116-16所示。

图116-14

图116-15

图116-16

技巧提示:
执行"编辑＞自由变换"命令,可对图像进行缩放、旋转、扭曲等变换处理。

08 按下 Ctrl+T 键对图像进行自由变换,完成后按下 Enter 键确定,效果如图116-17所示。选择"图层1副本"图层,单击渐变工具 ,选择"前景到透明",并拖动鼠标适当进行渐变填充,效果如图116-18所示。

图116-17

图116-18

09 选择"图层1副本",执行"滤镜＞模糊＞高斯模糊"命令,在弹出的对话框中将"半径"设置为5像素,如图116-19所示,完成后单击"确定"按钮,效果如图116-20所示。至此,本实例制作完成。

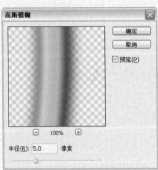
图116-19

图116-20

117 合成蓝天白云效果

视频文件：Chapter11\117合成蓝天白云效果.exe

Before　　　　　After

　　本例中原照片的天空死气沉沉，没有丝毫美感，可以通过合成添加天空图像，让整个画面活跃起来。实际操作中需要注意的是，合成的天空应根据原照片中天空区域的范围进行调节。

 主要使用功能：橡皮擦工具、移动工具、色相/饱和度命令、亮度/对比度命令等。

最终文件路径：Chapter11\117合成蓝天白云效果\Complete\合成蓝天白云效果.psd。

拍摄技巧：

拍摄建筑物时，早晨或者中午拍摄最理想，站在比要拍摄建筑物高的地方，得到的效果更好。站在比建筑物低的地方拍摄时，应注意阳光的反射，选择适合的角度进行拍摄。

技巧提示：

擦除多余图像区域的时候，如果区域较小，或不明显，这时应选择柔和画笔，必要的时候可放大后再进行处理。

01 执行"文件＞打开"命令，打开本书配套光盘中 Chapter11\117 合成蓝天白云效果 \Media\001.jpg 和 002.jpg 文件，如图 117-1 和图 117-2 所示。

图117-1　　　　　　　　　　图117-2

02 选择 001 文件，复制"背景"图层，然后单击移动工具 ，将 002.jpg 文件拖动到 001.jpg 文件中，并调整图像的大小，效果如图 117-3 所示。调节"图层 1"的填充值，并使用橡皮擦工具 擦除多余图像。再调整"背景副本"图层的色相／饱和度，最后利用"色相／饱和度"、"亮度／对比度"调整图层来调节整体的图像颜色，效果如图 117-4 所示。至此，本实例制作完成。

图117-3　　　　　　　　　　图117-4

118 合成窗前雾景效果

视频文件：Chapter11\118合成窗前雾景效果.exe

Before

After

本例中原照片是一张室内照片，但是窗外的景象和室内的景象毫无层次感，可以通过合成调整使照片从视觉上更有空间感，赋予照片层次。在实际操作中需要注意，室内的景物上不要覆盖图像。

主要使用功能： 可选颜色命令、色阶命令、移动工具等。

最终文件路径： Chapter11\118合成窗前雾景效果\Complete\合成窗前雾景效果.psd。

拍摄技巧：

一般情况下，拍摄室内照片都很不好掌握，因为无法控制室内的环境光源，所以在拍摄时需要将闪光灯打开。

技巧提示：

为了操作的准确性，可适当放大图像。在画笔描绘的时候要注意室内景物上不要覆盖合成的图像。

01 执行"文件>打开"，打开本书配套光盘中 Chapter11\118 合成窗前雾景效果 \Media\001.jpg 文件和 002.jpg 文件，单击移动工具 将 002 文件拖动到 001 文件中，自动生成"图层 1"。调整"图层 1"的大小，并设置"不透明度"为 70%，效果如图 118-1 所示。再为"图层 1"添加图层蒙版，并单击画笔涂抹出室内的图像，效果如图 118-2 所示。

图118-1

图118-2

02 选择"背景"图层，分别执行"可选颜色"及"色阶"命令，在弹出的对话框中设置参数，如图 118-3、图 118-4 所示，效果如图 118-5 所示。至此，本实例制作完成。

图118-3

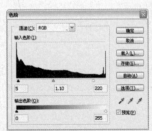
图118-4

图118-5

119 合成艺术海报效果

Before

After

本例中原照片是一张普通的火车行驶照片，可以根据自己的喜好进行艺术化处理，增强照片的怀旧色彩。在实际应用中需要注意体现照片的色彩和文字的点缀。

主要使用功能： 色阶命令、绘图笔滤镜、混合模式等。

最终文件路径： Chapter11\119合成艺术海报效果\Complete\合成艺术海报效果.psd。

拍摄技巧：

如果想要拍摄本例中动态的物体，应注意下面几点：

（1）根据下面几个因素来选取适当的快门速度。

A. 动体行进的速度。动体行进的速度越快，使用的快门速度越要快；反之，所需快门速度慢。

B. 动体与拍摄者的距离。动体与拍摄者的距离越远，快门速度越慢；反之，距离越近，速度越快。

C. 动体运行方向。同样的运动速度，由于运动方向不同，快门速度应有所不同。当照相机与动体运动方向呈90°时，快门速度快；呈45°时，快门速度可慢一级；呈0°时，快门速度可再慢一级。

D. 镜头焦距。镜头的焦距越长，快门速度应越快；焦距长一倍，速度也应提高一倍。

（2）景深的运用。拍摄高速运动的物体时，很难准确测焦，一般多利用景深。当确定拍摄位置后，要根据光线情况选取适当的光圈和快门数字，然后检查景深表，找出使用光圈所对应的景深范围。当景深不敷

01 执行"文件>打开"命令，在弹出的对话框中，选择本书配套光盘中Chapter11\119合成艺术海报效果\Media\001.jpg 文件，单击"打开"按钮打开素材文件，如图 119-1 所示。将"背景"图层拖动到"创建新图层"按钮上，复制"背景"图层，得到"背景副本"图层，如图 119-2 所示。

图119-1

图119-2

02 选择"背景副本"图层，按下 Ctrl+Shift+U 键对图像进行去色处理，效果如图 119-3 所示。选择"背景副本"图层，将其混合模式设置为"正片叠加"，如图 119-4 所示，效果如图 119-5 所示。

图119-3

图119-4

图119-5

03 将"背景"图层再次拖动到"创建新图层"按钮上，复制"背景"图层，得到"背景副本 2"图层，如图 119-6 所示。并将"背景副本 2"图层拖至"背景副本"图层上方，如图 119-7 所示。

拍摄技巧:

应用时,可用缩小光圈、换用短焦距镜头或拉远拍摄距离的办法来增长景深。拍摄时,只要把动体控制在景深范围内,就可以不再对焦,另外,利用超焦距,把柔预定光圈对准在最近清晰点上,可以获得更大的景深。

(3)抓取动体活动中最典型的瞬间。这一瞬间应最富于动感,而且又能概括运动过程的来龙去脉。要抓取到这一瞬间,不只要求准确的判断,还需要熟练的技术。因为相机的快门从手接触到打开,要有一个短暂的过程,如果不估计到这一情况,很容易错过拍摄良机。所以拍摄时可采用下面两种方法:

A.在准备拍摄时,事先把快门钮按在即将打开的极限处,这样可保证当瞬间出现时,手一按,快门就立即打开。

B.在瞬间高潮到来前,稍提前按动快门,这样能保证快门全打开时,瞬间高潮恰好到来。这种拍摄方法要求熟悉动体的活动规律,能准确进行判断。

技巧提示:

对选区进行羽化,会使边缘的效果更自然和柔和。

图119-6   图119-7

04 选择"背景副本2"图层,将前景色设置为紫色(R197、G148、B197)。执行"滤镜>素描>绘图笔"命令,在弹出的对话框中设置各项参数,如图119-8所示,完成后单击"确定"按钮,效果如图119-9所示。

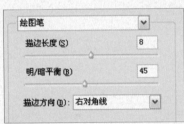

图119-8   图119-9

05 选择"背景副本2"图层,将其混合模式设置为"正片叠加",如图119-10所示,效果如图119-11所示。选择"背景副本"图层,单击椭圆选框工具,在图像车头位置拖出选区,并按下快捷键Ctrl+Alt+D对选区进行羽化,在弹出的对话框中设置"羽化半径"为40像素。完成后单击"确定"按钮,效果如图119-12所示。

图119-10   图119-11   图119-12

06 执行"图像>调整>色阶"命令,在弹出的对话框中设置各项参数,如图119-13所示,完成后单击"确定"按钮,并按下Ctrl+D键取消选区,效果如图119-14所示。

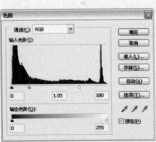

图119-13   图119-14

07 单击"创建新图层"按钮 ，得到"图层1"，并放置在图层最上层。单击矩形选框工具 ，在图像下侧合适位置拖出矩形选区，如图119-15所示，设置前景色为绿色（R184、G236、B229），按下快捷键 Alt+Delete 对选区进行填充，再按下快捷键 Ctrl+D 取消选区，效果如图119-16所示。选择"图层1"，设置其"不透明度"为65%，效果如图119-17所示。

图119-15　　　　　图119-16　　　　　图119-17

08 将"图层1"拖动到"创建新图层"按钮 上，复制"图层1"，得到"图层1副本"图层，按下快捷键 Ctrl+T 对其进行自由变换，调整其大小并放置在适合的位置上，完成后按下 Enter 键确定，并设置其"不透明度"为80%，如图119-18所示，效果如图119-19所示。

图119-18　　　　　图119-19

09 单击横排文字工具 ，在"字符"面板中设置合适的字体及大小，在图像合适位置添加适当的文字，并根据需要设置其不透明度，如图119-20所示，完成后效果如图119-21所示。至此，本实例制作完成。

图119-20　　　　　图119-21

技巧提示：
除了通过快捷键 Ctrl+T 来调整大小外，还可以执行"编辑 > 变换"命令来单独选择某种变换命令。

120 合成秋天落叶效果

Before

After

本例中原照片充满了浓浓的秋意，如果再为其添加一些落叶效果，从视觉上就会更有意境。在实际应用中需要注意落叶的大小和分布。

主要使用功能：套索工具、去色命令、图层混合模式、高斯模糊滤镜等。

最终文件路径：Chapter11\119合成秋天落叶效果\Complete\合成秋天落叶效果.psd。

拍摄技巧：

在拍摄风景照片时，如果需要拍摄季节性强的照片，可以设置相机的模式，也可以通过后期处理来达到效果。

技巧提示：

柔光模式主要以柔和的方式叠加图像，并且保持了图层的色彩，在照片的处理中多用于两张或多张照片的叠加，来表现镜像、折射等效果。

01 执行"文件>打开"命令，在弹出的对话框中，选择本书配套光盘中Chapter11\120合成秋天落叶效果\Media\001.jpg 文件，单击"打开"按钮打开素材文件，如图 120-1 所示。将"背景"图层拖动到"创建新图层"按钮 上，复制"背景"图层，得到"背景副本"图层，如图 120-2 所示。

图120-1 　　　　图120-2

02 选择"背景副本"图层，按下 Ctrl+Shift+U 键对图像进行去色处理，效果如图 120-3 所示。选择"背景副本"图层，将混合模式设置为"柔光"，"不透明度"为 80%，如图 120-4 所示，效果如图 120-5 所示。

图120-3 　　　　图120-4 　　　　图120-5

03 单击"创建新图层"按钮 ，得到"图层 1"。单击画笔工具 ，并在画笔面板中设置各项参数，如图 120-6 和图 120-7 所示。设置前景色为黄色（R252、G230、B82），在图像中添加落叶图像，如图 120-8 所示。选择"图

技巧提示：

强光模式主要是增强图像的饱和度，提亮图像的亮部。不同的图层混合模式及不透明度，得到的图像效果也不同。

层 1”，将其混合模式设置为“强光”，效果如图 120-9 所示。

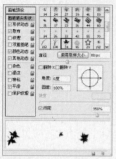

图120-6

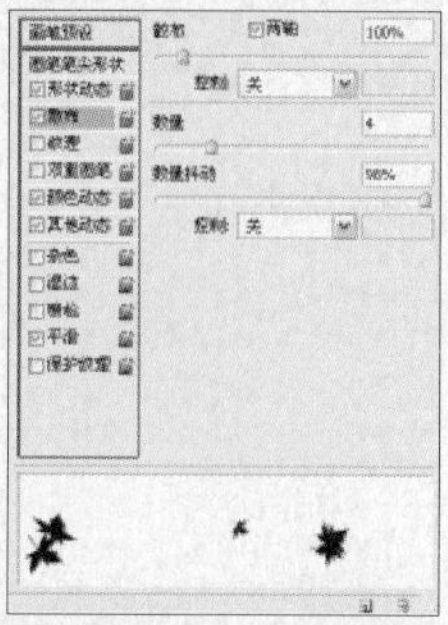
图120-7

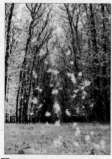

图120-8

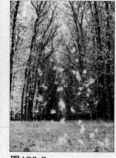

图120-9

04 执行“滤镜 > 模糊 > 高斯模糊”命令，在弹出的对话框中设置“半径”为 2.5 像素，如图 120-10 所示。完成后单击“确定”按钮，效果如图 120-11 所示。单击套索工具，按住 Shift 键的同时，根据需要圈选出其中几片落叶，如图 120-12 所示。

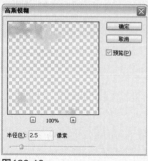

图120-10

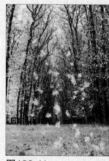

图120-11

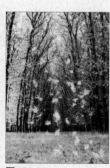

图120-12

技巧提示：

文字工具分为横排文字工具、直排文字工具、横排文字蒙版工具及直排文字蒙版工具四种工具，可根据需要进行选择。

05 执行“图像 > 调整 > 色相 / 饱和度”命令，在弹出的对话框中设置“明度”为 100，如图 120-13 所示，完成后单击“确定”按钮，按下 Ctrl+D 键取消选区，效果如图 120-14 所示。单击横排文字工具，根据喜好在字符面板设置各项参数，并在图像合适位置上输入文字，完成后效果如图 120-15 所示。至此，本实例制作完成。

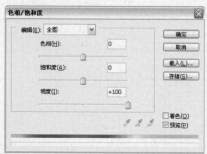

图120-13

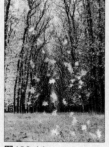

图120-14

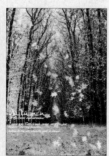

图120-15

121 合成浪漫羽毛效果

视频文件：Chapter11\121合成浪漫羽毛效果.exe

Before

After

本例中原照片本身传递的信息让人感觉到一种浪漫的艺术气息，只是照片没有主题，可以通过合成来添加羽毛，让原本呆板的照片充满生气，并添加文字，赋予照片主题。在调整需要注意渐变填充的位置。

主要使用功能：渐变工具、移动工具、画笔工具等。

最终文件路径：Chapter11\121合成浪漫羽毛效果\Complete\合成浪漫羽毛效果.psd。

拍摄技巧：

拍摄风景时可以在画面的前景安排一些人或物，这样有助于画面中的空间透视的表现以及主题的确定。

技巧提示：

不同的混合模式可以通过颜色制造出不同的视觉效果，可根据图像的色彩来决定混合模式。

01 执行"文件＞打开"命令，打开本书配套光盘中 Chapter11\121合成浪漫羽毛效果\Media\001.jpg 文件。复制"背景"图层，选择"背景副本"图层，单击渐变工具 ，并在属性栏中选择径向渐变 ，设置"不透明度"为 60%，在渐变编辑器中设置颜色依次为黄色（R249、G230、B0）、紫色（R172、G28、B255）、蓝色（R0、G67、B193），如图 121-1 所示，填充后效果如图 121-2 所示。再设置图层混合模式为"叠加"，效果如图 121-3 所示。

图121-1

图121-2

图121-3

02 执行"文件＞打开"命令，打开 002 素材文件，单击移动工具 将 002 拖动到 001 文件中。多次复制图像，并调整各图像的大小及位置，效果如图 121-4 所示。新建图层并使用柔角画笔工具，在图像上绘制大小不等的圆点，效果如图 121-5 所示。最后再适当添加文字，效果如图 121-6 所示。至此，本实例制作完成。

图121-4

图121-5

图121-6

Chapter

+

12

制作照片的绘画艺术效果

本章主要通过滤镜的处理将生活中一些普通的照片变成具有绘画艺术效果的图像。在增添照片艺术气息的同时也增加了照片的意境和韵味。通过本章的学习，可以更加深刻地了解滤镜的使用方法及强大的功能，从而在以后的实际运用中，综合这些方法创作出更好的作品。

122 制作拼图效果

Before

After

本例原照片中的小女孩非常可爱，可以给照片增添一些趣味性，通过处理将照片制作成为拼图效果。在实际应用中需要说明的是，注意调整每块拼块，形成凸起的质感。

主要使用功能：图层样式、移动工具、魔棒工具等。

最终文件路径：Chapter12\122制作拼图效果\Complete\制作拼图效果.psd。

拍摄技巧：

拍摄儿童照片时，需要调动人物的情绪，要多和人物进行沟通，了接人物的内心状态，这样，才能拍摄出人物的神韵，捕捉美丽瞬间。

技巧提示：

在做拼图的时候注意中间的间隙，这对后面制作斜面和浮雕样式有一定的影响。

01 执行"文件 > 打开"命令，打开本书配套光盘中 Chapter12\122制作拼图效果 \Media\001.jpg 文件，如图 122-1 所示。执行"文件 > 打开"命令，打开本书配套光盘中 Chapter12\122制作拼图效果 \Media\ 拼图 .psd 文件，如图 122-2 所示。

图122-1

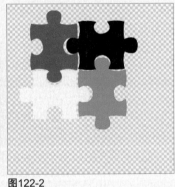
图122-2

02 单击移动工具 ，将素材拼图 .psd 拖移至素材 001 中，自动生成"图层 1"，按下 Ctrl+T 键将其调整至合适的大小及位置，如图 122-3 所示。选择"图层 1"，按住 Ctrl 键的同时单击图层缩览图将图像载入选区，单击移动工具，按住 Alt 键的同时拖动鼠标复制选区，如图 122-4 所示。按住 Alt 键继续操作，完成后按下 Ctrl+D 键取消选区，效果如图 122-5 所示。

图122-3

图122-4

图122-5

03 按住 Ctrl 键的同时单击"图层 1"的图层缩览图将图像载入选区，如图 122-6 所示，选择"背景"图层，按下 Ctrl+J 键复制选区，得到"图层 2"。单击"图层 1"和"背景"图层的"指示图层可视性"按钮，隐藏这两个图层，如图 122-7 所示，效果如图 122-8 所示。

图122-6

图122-7

图122-8

04 选择"图层 2"，单击"添加图层样式"按钮 *fx.*，在弹出的菜单中分别选择"投影"和"斜面和浮雕"，并在弹出的对话框中设置各项参数，如图 122-9 和图 122-10 所示，完成后单击"确定"按钮，效果如图 122-11 所示。

图122-9

图122-10

图122-11

05 单击"背景"图层的"指示图层可视性"按钮，显示图层，如图 122-12 所示，按下快捷键 Shift+Ctrl+Alt+E，盖印可见图层，得到"图层 3"，如图 122-13 所示，效果如图 122-14 所示。

图122-12

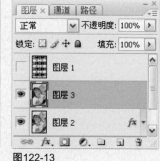
图122-13

图122-14

06 单击"图层 1"的"指示图层可视性"按钮，显示图层。再单击魔棒工具，并在属性栏中设置其参数，如图 122-15 所示，选择"图层 1"，单击其中一块拼图，如图 122-16 所示。选择"图层 3"，按下 Ctrl+J 键复制选区，得到"图层 4"，如图 122-17 所示。

技巧提示：

技巧提示：

根据需要适当调整"容差"能使选取的效果更好。容差越大选取的图像范围就越大，反之就越小。

技巧提示：

这里设置白色背景是为后面图层样式的运用做铺垫。

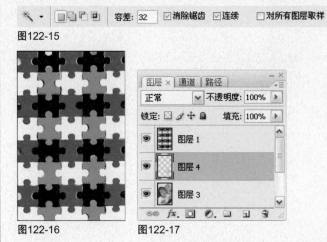

图122-15

图122-16　　　图122-17

07 按住Ctrl键的同时单击"图层4"的图层缩览图将图像载入选区，选择"图层3"，按下Delete键对选区进行清除。单击"创建新图层"按钮 ，得到"图层5"，按下Ctrl+Shift+I键，反选选区，如图122-18所示。再将前景色设置为白色，按下Alt+Delete键对选区进行填充，再按下Ctrl+D键取消选区。然后再将"图层5"拖移至"图层3"下方，如图122-19所示。

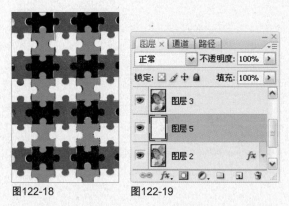

图122-18　　　图122-19

08 选择"图层5"，单击"添加图层样式"按钮 ，在弹出的菜单中选择"投影"和"斜面和浮雕"，并在弹出的对话框中设置各项参数，如图122-20和图122-21所示，完成后单击"确定"按钮，单击其他图层的可视性按钮 ，隐藏其他图层，观察"图层5"的效果，如图122-22所示。

图122-20

图122-21

图122-22

09 选择"图层4"，将"图层4"拖动到"创建新图层"按钮 上，复制"图层4"，得到"图层4副本"图层，如图122-23所示。按住Ctrl键的同时单击"图层 4 副本"的图层缩览图将图像载入选区,并将其填充为白色,完成后按下 Ctrl+D 键取消选区,效果如图 122-24 所示。将"图层 4 副本"图层拖移至"图层 5"下方,如图 122-25 所示。选择"图层 4",按下 Ctrl+T 键对其进行自由变换命令,完成后按下 Enter 键确定,效果如图 122-26 所示。

  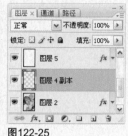 

图122-23　　　　图122-24　　　　图122-25　　　　图122-26

10 选择"图层 4",单击"添加图层样式"按钮 _fx_,在弹出的菜单中选择"投影"和"斜面和浮雕",并在弹出的对话框中设置各项参数,如图 122-27 和图 122-28 所示,完成后单击"确定"按钮,效果如图 122-29 所示。

图122-27　　　　　　　　　　图122-28　　　　　　　　图122-29

11 单击"图层 1"的"图层可视性"按钮 ◉,显示该图层,单击魔棒工具 ,选择另一块拼图,如图 122-30 所示。按下 Ctrl+J 键复制选区,得到"图层 6",单击"图层 1"图层可视性按钮 ◉,隐藏该图层。再选择"图层 6",将其混合模式设置为"颜色","不透明度"为 55%,如图 122-31 所示,效果如图 122-32 所示。再选择另一块拼图,使用上面相同的方法进行调整,得到"图层 7",效果如图 122-33 所示。

图122-30　　　　图122-31　　　　图122-32　　　　图122-33

12 选择"图层 7",执行"图像 > 调整 > 色相 / 饱和度"命令,在弹出的对话框中设置"色相"为 -133,如图 122-34 所示,完成后单击"确定"按钮,效果如图 122-35 所示。

技巧提示：

通过色相/饱和度命令，可以
快速调整图像的色相。

图122-34 图122-35

13 选择"图层7"，将其混合模式设置为"颜色"，"不透明度"为50%，
如图122-36所示，效果如图122-37所示。按照相同的方法，选择单独的拼
图变换不同的颜色对图像进行调整，效果如图122-38所示。至此，本实例
制作完成。

图122-36 图122-37 图122-38

读书笔记

123 制作高饱和色调反差效果

视频文件：Chapter12\123制作高饱和色调反差效果.exe

Before

After

本例中原照片是一张很普通的照片，可以处理成高饱和色调的对比效果，使原来色彩平淡的照片变得更加艺术化。实际操作中需要注意复制图层的顺序，因为它是影响效果的关键。

主要使用功能： 波浪滤镜、去色命令、色相/饱和度命令，图层混合模式等。

最终文件路径： Chapter12\123制作高饱和色调反差效果\Complete\制作高饱和色调反差效果.psd。

拍摄技巧：

在拍摄景物照片时，一定要注意景物本身的观赏性，以及色彩的饱和度，当然，还要注意取景的位置，这样拍摄的照片视觉效果会更好。

技巧提示：

在细节调整的时候，注意增强黑白对比，效果越强，越能让照片所要表现的效果更加明显。

01 执行"文件 > 打开"命令，打开本书配套光盘中 Chapter12\123制作高饱和色调反差效果 \Media\001.jpg 文件，如图 123-1 所示。复制"背景"图层，选择"背景副本"图层，然后对图像进行去色处理，再使用"色相 / 饱和度"命令为图像着色，效果如图 123-2 所示。再次复制"背景"图层，对"背景副本 2"图层应用波浪滤镜，并设置图层的混合模式为"叠加"，效果如图 123-3 所示。

图123-1

图123-2

图123-3

02 复制"背景"图层，将"背景副本 3"放在最上层，并设置"不透明度"为 75%，如图 123-4 所示。再次复制"背景"图层，并将"背景副本 4"放在最上层，设置混合模式为"强光"，效果如图 123-5 所示。最后使用文字工具和一些辅助工具为照片添加适当的文字，使画面效果更完美，如图 123-6 所示。至此，本实例制作完成。

图123-4

图123-5

图123-6

124 制作版画效果

Before

After

本例中原照片的景色比较优美，可以对其添加艺术效果，增强图像的观赏性。在实际应用中需要注意体现出版画的色彩。

主要使用功能： 木刻滤镜、图层混合模式、影印滤镜、图章滤镜等。

最终文件路径： Chapter12\124制作版画效果\Complete\制作版画效果.psd。

拍摄技巧：

灵活运用色彩会使照片感觉更为丰富，从而营造出华丽的氛围。拍摄时可选用一定的色彩组合为照片增色。

01 执行"文件 > 打开"命令，在弹出的对话框中，选择本书配套光盘中Chapter12\124制作版画效果\Media\001.jpg 文件，单击"打开"按钮打开素材文件，如图 124-1 所示。

图124-1

02 将"背景"图层连续三次拖动到"创建新图层"按钮 ⬜ 上，复制"背景"图层，分别得到"背景副本"图层、"背景副本 2"图层和"背景副本 3"图层，如图 124-2 所示。单击"背景副本 2"和"背景副本 3"的"指示图层可视性"按钮 👁，隐藏这两个图层，如图 124-3 所示。

图124-2

图124-3

技巧提示：

木刻命令可以非常清楚地在图像中显示颜色变化，并以块面的形式表现出来。在照片的处理中，给人一种矢量画的效果，并可模拟剪纸的效果，常用于制作广告海报或网页宣传中。

在使用木刻命令的时候可以根据图片本身的环境来进行参数设置。

03 选择"背景副本"图层，执行"滤镜 > 艺术效果 > 木刻"命令，在弹出的对话框中设置各项参数，如图 124-4 所示，完成后单击"确定"按钮，效果如图 124-5 所示。

图124-4　　　　　　　　　图124-5

04 单击"背景副本 2"的"指示图层可视性"按钮，显示该图层，对"背景副本 2"图层执行"滤镜 > 素描 > 影印"命令，在弹出的对话框中设置各项参数，如图 124-6 所示，完成后单击"确定"按钮，效果如图 124-7 所示。

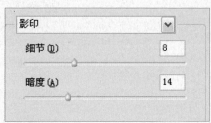
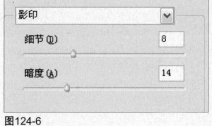

图124-6　　　　　　　　　图124-7

技巧提示：

颜色加深模式比正片叠底模式更加强调暗色调，同时也提高了照片颜色的饱和度，使照片效果更加鲜明突出。

05 选择"背景副本 2"图层，将其混合模式设置为"颜色加深"，"不透明度"设置为 50%，如图 124-8 所示，效果如图 124-9 所示。

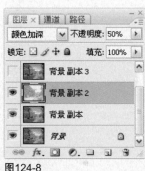

图124-8　　　　　　　　　图124-9

06 单击"背景副本 3"的"指示图层可视性"按钮，显示该图层，对"背景副本 3"图层执行"滤镜 > 素描 > 图章"命令，在弹出的对话框中设置各项参数，如图 124-10 所示，完成后单击"确定"按钮，效果如图 124-11 所示。

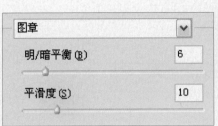

图124-10

图124-11

07 选择"背景副本 3"图层,将其混合模式设置为"正片叠底","不透明度"设置为 20%,如图 124-12 所示,效果如图 124-13 所示。

图124-12

图124-13

08 单击"创建新的填充或调整图层"按钮 ,在下拉菜单中选择"色相 / 饱和度"命令,在弹出的对话框中设置"饱和度"为 +70,如图 124-14 所示,完成后单击"确定"按钮,效果如图 124-15 所示。至此,本实例制作完成。

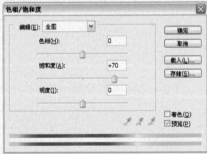

图124-14

图124-15

125 制作电影胶片效果

视频文件：Chapter12\125制作电影胶片效果.exe

Before

After

　　本例中原照片的人物背景单调且毫无特色，可以通过处理为照片添加怀旧效果，使一张普通的照片风格化，给人以想像的空间。实际操作中需要注意添加杂色的多少和动感模糊的程度。

主要使用功能： 添加杂色滤镜、动感模糊滤镜、色彩平衡命令、色阶命令等。

最终文件路径： Chapter12\125制作电影胶片效果\Complete\制作电影胶片效果.psd。

拍摄技巧：

可随意选择地点拍摄，但拍摄时应注意捕捉人物的神韵，并配合整体效果。

技巧提示：

在添加杂色和动感模糊的时候，要注意调整强弱和需要的角度。

01 执行"文件 > 打开"命令，打开本书配套光盘中 Chapter\12\125 制作电影胶片效果 \Media\001.jpg 文件，如图 125-1 所示。复制"背景"图层，并对"背景副本"图层执行"去色"命令，效果如图 125-2 所示。

图125-1

图125-2

02 复制"背景副本"图层，并对"背景副本 2"图层执行"滤镜 > 杂色 > 添加杂色"命令及"滤镜 > 模糊 > 动感模糊"命令，来调整图像。使用矩形选框工具创建部分条形图像选区，并按下快捷键 Ctrl+J 复制选区，生成"图层 1"。隐藏"背景副本 2"，调整"图层 1"的大小，并设置混合模式、不透明度及填充值，效果如图 125-3 所示。新建"图层 2"，对图层填充褐色，并设置混合模式为"颜色"，再使用"色彩平衡"、"色阶"调整图层命令对图像进行调整，效果如图 125-4 所示。至此，本实例制作完成。

图125-3

图125-4

126 制作彩色铅笔效果

Before

After

　　本例中原照片的人物乖巧可爱，可以通过简单的滤镜将图像处理成彩色铅笔效果。在实际应用中需要注意铅笔的笔触不宜过大，以免模糊人物细节。

主要使用功能： 成角的线条滤镜、颗粒滤镜、画笔工具、查找边缘滤镜等。

最终文件路径： Chapter12\126制作彩色铅笔效果\Complete\制作彩色铅笔效果.psd。

拍摄技巧：

拍摄儿童照片时，儿童的神态和表情不易捕捉，这就要求快速地记录下孩子的活动瞬间。一般情况下多使用特写模式。

01 执行"文件＞打开"命令，在弹出的对话框中，选择本书配套光盘中Chapter12\126制作彩色铅笔效果\Media\001.jpg文件，单击"打开"按钮打开素材文件，如图126-1所示。将"背景"图层拖至"创建新图层"按钮 上，复制"背景"图层，得到"背景副本"图层，如图126-2所示。

图126-1

图126-2

技巧提示：

在使用颗粒滤镜的时候注意参数调节，可根据图片本身进行适当调整。

02 选择"背景副本"图层，执行"滤镜＞纹理＞颗粒"命令，在弹出的对话框中设置各项参数，如图126-3所示，完成后单击"确定"按钮，效果如图126-4所示。

图126-3

图126-4

技巧提示：
成角的线条命令主要使用对角描边重新绘制图像，用相反方向的线条来绘制亮部及暗部。大多用于处理照片的艺术效果。

03 执行"滤镜 > 画笔描边 > 成角的线条"命令，在弹出的对话框中设置各项参数，如图 126-5 所示，完成后单击"确定"按钮，效果如图 126-6 所示。

图126-5 　　　　　　　　　　　　图126-6

04 将"背景副本"图层连续两次拖至"创建新图层"按钮 🔳 上，得到"背景副本 2"、"背景副本 3"图层，如图 126-7 所示。单击"背景副本 2"和"背景副本 3"的"指示图层可视性"按钮 ●，隐藏这两个图层。选择"背景副本"图层，单击"添加图层蒙版"按钮 🔲，为"背景副本"图层添加一个蒙版，如图 126-8 所示。

图126-7 　　　　　　　　　　图126-8

技巧提示：
查找边缘命令主要是找出图像的边缘，并以深色线条来突出边缘。在照片处理中边缘的颜色变化较大时，可以使用该命令保持边缘的轮廓，也可以利用它制作一些个性海报或者招贴广告。

05 单击画笔工具 ✏️，按下 D 键恢复前景色和背景色的默认设置，并在属性栏设置其参数，如图 126-9 所示，在人物图像上涂抹出人物五官部分，如图 126-10 所示。单击"背景副本 3"的"指示图层可视性"按钮 ●，显示该图层，并执行"滤镜 > 风格化 > 查找边缘"命令，效果如图 126-11 所示。

✏️ ▾ 画笔: ⁑ 21 ▾ 模式: 正常 ▾ 不透明度: 85% ▸ 流量: 80% ▸ ✒️

图126-9

图126-10 　　　　　　　　　　图126-11

06 选择"背景副本 3"图层，将其混合模式设置为"叠加"，"不透明度"设置为 90%，如图 126-12 所示，效果如图 126-13 所示。

图126-12   图126-13

07 单击"背景副本2"的"指示图层可视性"按钮 👁 ，显示该图层，对"背景副本2"图层执行"滤镜 > 素描 > 影印"命令，在弹出的对话框中设置各项参数，如图126-14所示，完成后单击"确定"按钮，效果如图126-15所示。

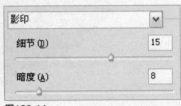

图126-14   图126-15

08 选择"背景副本2"图层，将其混合模式设置为"强光"，"不透明度"设置为80%，如图126-16所示，效果如图126-17所示。

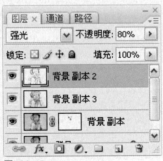

图126-16   图126-17

09 单击"创建新的填充或调整图层"按钮 ⬤ ，在下拉菜单中选择"亮度/对比度"命令，在弹出的对话框中设置各项参数，如图126-18所示，完成后单击"确定"按钮，效果如图126-19所示。

图126-18   图126-19

10 单击"创建新的填充或调整图层"按钮 ，在下拉菜单中选择"色相／饱和度"命令，在弹出的对话框中设置"饱和度"为 -20，如图 126-20 所示，完成后单击"确定"按钮，效果如图 126-21 所示。

图126-20

图126-21

11 单击"创建新图层"按钮 ，得到"图层 1"，单击铅笔工具 ，选择合适的笔触大小及颜色，在图像合适位置添加文字，再对添加的文字执行"滤镜 > 画笔描边 > 喷溅"命令，如图 126-22 所示，完成后单击"确定"按钮，效果如图 126-23 所示。至此，本实例制作完成。

技巧提示：

使用喷溅滤镜可以让图像产生被水喷溅、浸润的效果。

图126-22

图126-23

读书笔记

127 制作钢笔淡彩效果

视频文件：Chapter12\127制作钢笔淡彩效果.exe

Before

After

　　本例中原照片颜色鲜艳，但是比较普通，可以添加一些艺术效果，增强照片的美感。在实际操作中需要注意图层之间的关系，以免出现颠倒的效果。

主要使用功能： 水彩滤镜、特殊模糊滤镜、阴影/高光命令、曲线命令等。

最终文件路径： Chapter12\127制作钢笔淡彩效果\Complete\制作钢笔淡彩效果.psd。

拍摄技巧：

在拍摄花卉照片时尽量将焦距对准其中一个要特别表现的花朵，这样拍摄出来的花卉照片才会主次分明，并且主题明确。

技巧提示：

在利用"特殊模糊"滤镜调整图像时，设置的参数决定了钢笔描绘的效果，要根据图像来进行调整。

01 执行"文件 > 打开"命令，打开本书配套光盘中 Chapter12\127制作钢笔淡彩效果 \Media\001.jpg 文件，复制"背景"图层，并对"背景副本"图层执行"特殊模糊"滤镜然后按下 Ctrl+I 反相图像，效果如图 127-1 所示。复制"背景"图层，得到"背景副本 2"，并置于"背景副本"的上层，对其执行"特殊模糊"、"水彩"滤镜命令，再执行"图像 > 调整 > 渐隐水彩"命令，效果如图 127-2 所示。

图127-1　　　　　　图127-2

02 选择"背景副本 2"，设置混合模式为"正片叠底"，执行"曲线"命令，效果如图 127-3 所示。全选并复制粘贴图像得到"图层 1"，再复制得到"图层 1 副本"，执行"色相 / 饱和度"、"高斯模糊"命令，并设置混合模式为"正片叠底"，效果如图 127-4 所示。再执行"阴影 / 高光"、"曲线"命令进行调整，效果如图 127-5 所示。至此，本实例制作完成。

图127-3

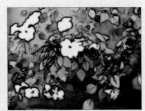
图127-4

图127-5

128 制作油画效果

Before

After

本例中原照片是人物特写，非常具有民族色彩，可以将照片处理成油画效果，增添照片的艺术气息。在调整笔触时应注意笔触的大小，在制作人物油画效果时不适宜使用过大的笔触，以免丢失图像细节。

主要使用功能： 成角的线条滤镜、添加杂色滤镜、海洋波纹滤镜等。

最终文件路径： Chapter12\128制作油画效果\Complete\制作油画效果.psd。

拍摄技巧：
眼睛是观察人物的窗口，所以，在拍摄照片的时候，一定要将焦距对准模特的眼睛，来表现模特的神态，这是拍摄好照片很重要的一点。

01 执行"文件 > 打开"命令，在弹出的对话框中，选择本书配套光盘中 Chapter12\128制作油画效果\Media\001.jpg 文件，单击"打开"按钮打开素材文件，如图 128-1 所示。将"背景"图层拖动到"创建新图层"按钮 上，复制"背景"图层，得到"背景副本"图层，如图 128-2 所示。

图128-1

图128-2

02 选择"背景副本"图层，执行"滤镜 > 杂色 > 添加杂色"命令，在弹出的对话框中设置各项参数，如图 128-3 所示，完成后单击"确定"按钮，效果如图 128-4 所示。

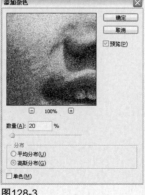

图128-3

图128-4

03 选择"背景副本"图层,执行"滤镜 > 画笔描边 > 成角的线条"命令,在弹出的对话框中设置各项参数,如图 128-5 所示,完成后单击"确定"按钮,效果如图 128-6 所示。

图128-5　　　　　　　　图128-6

04 执行"滤镜 > 扭曲 > 海洋波纹"命令,在弹出的对话框中设置各项参数,如图 128-7 所示,完成后单击"确定"按钮,效果如图 128-8 所示。

图128-7　　　　　　　　图128-8

技巧提示:

海洋波纹命令主要将图像表现出一种水波折射的效果,给图像制造出一种在水下的感觉,通常用于制作照片的水面效果,也可用于制作背景特效。

05 单击"创建新的填充或调整图层"按钮 ◯.,在下拉菜单中选择"色阶"命令,在弹出的对话框中分别设置 RGB 通道 和"红"通道的参数,如图 128-9 和 128-10 所示,完成后单击"确定"按钮,效果如图 128-11 所示。

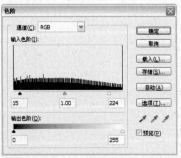

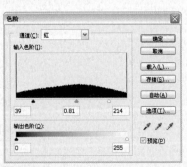

图128-9　　　　　　　　图128-10

技巧提示:

通过色阶的调整使图片效果更逼真。根据图片本身可以选择不同的通道进行调整,这里使用的是 RGB 和红色通道进行调整。

图128-11

06 单击"创建新的填充或调整图层"按钮 ，在下拉菜单中选择"色相／饱和度"命令，在弹出的对话框中设置"饱和度"为 -20，如图 128-12 所示，完成后单击"确定"按钮，效果如图 128-13 所示。

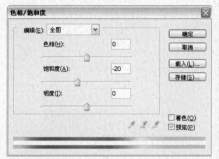

图128-12　　　　　　　　　　　**图128-13**

07 单击"创建新的填充或调整图层"按钮 ，在下拉菜单中选择"曲线"命令，在弹出的对话框中设置各项参数，如图 128-14 所示，完成后单击"确定"按钮，效果如图 128-15 所示。至此，本实例制作完成。

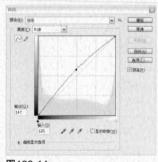

图128-14　　　　　　　　　　　**图128-15**

读书笔记

129 制作壁画效果

视频文件：Chapter12\129制作壁画效果.exe

Before

After

本例中原照片为一张普通的人物照片，可增添照片的趣味性，将人物照片处理成壁画效果，让照片有种很强的绘画感。在实际操作中用橡皮擦工具的时候应注意选择柔和画笔并随时调节，使人物脸部与周围背景相融合。

主要使用功能： 橡皮擦工具、壁画滤镜、画笔工具等。

最终文件路径： Chapter12\129制作壁画效果 \Complete\制作壁画效果.psd。

拍摄技巧：

拍摄人物照的时候，主体为人物，一般在构图时，都将人物的脸部和头部位于画面的中心部分。一般人都认为在四方形构图中脸部和头部在画面的中心会给人一种稳定感，这实际上是一种错觉，有时候，将人物的头部设定在非中心部分的位置，反而更能让人产生一种稳定的感觉。

技巧提示：

利用壁画命令调整图像的时候，调节的强弱决定了图像的效果。

对空白处进行处理的时候应注意选择适合画面的画笔，使画面更协调。

01 执行 "文件 > 打开" 命令，打开本书配套光盘中 Chapter12\129 制作壁画效果 \Media\001.jpg 文件，如图 129-1 所示。复制 "背景" 图层，并对 "背景副本" 图层执行 "滤镜 > 艺术效果 > 水彩" 及 "滤镜 > 艺术效果 > 壁画" 命令来进行适当调整，效果如图 129-2 所示。

图129-1

图129-2

02 使用橡皮擦工具，对人物脸部进行局部擦除，使画面更自然，效果如图 129-3 所示。再单击画笔工具为人物添加头发，并在空白处绘制装饰图像，再执行 "滤镜 > 艺术效果 > 壁画" 命令对装饰图像进行适当处理，使画面更协调，效果如图 129-4 所示。至此，本实例制作完成。

图129-3

图129-4

130 制作水墨画效果

Before

After

本例中原照片风格淡雅，很适合制作成绘画效果，可以将图像处理成为水墨画效果，表现出江南风景的古色古香，使画面充满韵味。

主要使用功能： 去色命令、特殊模糊滤镜、亮度/对比度命令、中间值滤镜、查找边缘滤镜等。

最终文件路径： Chapter 12\130制作水墨画效果\Complete\制作水墨画效果.psd。

拍摄技巧：

在拍摄时，有时会出现照片效果灰暗的现象，这主要是由曝光不好造成的。曝光是指光到达胶片表面使胶片感光的过程。在拍摄人物照片的时候，曝光是一个很重要的因素，曝光的程度主要与光圈、快门速度和感光度有关，光圈表示透光孔的面积，用于调节曝光。

01 执行"文件 > 打开"命令，在弹出的对话框中，选择本书配套光盘中 Chapter12\130 制作水墨画效果 \Media\001.jpg 文件，单击"打开"按钮打开素材文件，如图 130-1 所示。将"背景"图层连续三次拖动到"创建新图层"按钮 上，复制"背景"图层，得到"背景副本"、"背景副本 2"和"背景副本 3"图层，如图 130-2 所示。

图130-1

图130-2

02 单击"背景副本"和"背景副本 2"的"指示图层可视性"按钮 ，隐藏这两个图层。选择"背景副本 3"图层，如图 130-3 所示。执行"图像 > 调整 > 去色"命令，效果如图 130-4 所示。

图130-3

图130-4

275

150

技巧提示：

在特殊模糊滤镜对话框的"模式"下拉列表中有三种模式可以选择，不同的模式调整的图像效果也完全不同。

03 执行"图像 > 调整 > 亮度 / 对比度"命令，在弹出的对话框中设置各项参数，如图 130-5 所示，完成后单击"确定"按钮。再执行"滤镜 > 模糊 > 特殊模糊"命令，在弹出的对话框中设置各项参数，如图 130-6 所示，完成后单击"确定"按钮，效果如图 130-7 所示。

图130-5　　　　　　图130-6　　　　　　图130-7

04 执行"滤镜 > 模糊 > 高斯模糊"命令，在弹出的对话框中设置"半径"为 2 像素，如图 130-8 所示，完成后单击"确定"按钮，效果如图 130-9 所示。

图130-8　　　　　　图130-9

技巧提示：

中间值滤镜主要是通过混合选区内图像的亮度来减少图像中的杂色。该滤镜对于消除或减少图像中的动感效果非常有用。

05 执行"滤镜 > 杂色 > 中间值"命令，在弹出的对话框中设置"半径"为 3 像素，如图 130-10 所示，完成后单击"确定"按钮，效果如图 130-11 所示。单击"背景副本 2"图层的"指示图层可视性"按钮，显示该图层，如图 130-12 所示。

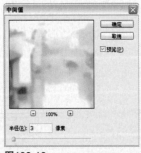

图130-10　　　　　　图130-11　　　　　　图130-12

06 选择"背景副本 2"图层，按下 Ctrl+Shift+U 键，对图像进行去色处理，效果如图 130-13 所示。执行"图像 > 调整 > 亮度 / 对比度"命令，在弹出的对话框中设置各项参数，如图 130-14 所示，完成后单击"确定"按钮，效果如图 130-15 所示。

图130-13　　　　　　　　图130-14　　　　　　　　图130-15

07 执行"滤镜 > 风格化 > 查找边缘"命令,完成后效果如图 130-16 所示。执行"图像 > 调整 > 曲线"命令,在弹出的对话框中设置各项参数,如图 130-17 所示,完成后单击"确定"按钮,效果如图 130-18 所示。

技巧提示：

利用查找边缘滤镜可以更强烈地体现图像轮廓,使其效果更明显。

通过调整曲线,可以增加亮度从而达到满意的图像效果。

 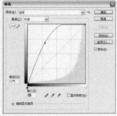 

图130-16　　　　　　　　图130-17　　　　　　　　图130-18

08 执行"滤镜 > 模糊 > 高斯模糊"命令,在弹出的对话框中设置"半径"为 2.5 像素,如图 130-19 所示,完成后单击"确定"按钮,效果如图 130-20 所示。

图130-19　　　　　　　　图130-20

09 选择"背景副本 2"图层,将其混合模式设置为"正片叠底",如图 130-21 所示,效果如图 130-22 所示。

技巧提示：

通过改变图层模式来达到理想的图像效果,也可以根据图片本身选择最适合的模式。

图130-21　　　　　　　　图130-22

10 单击"背景副本"图层的"指示图层可视性"按钮👁,显示该图层选择"背景副本"图层,按下 Ctrl+Shift+U 键,对图像进行去色处理,执行"图像 > 调整 > 亮度 / 对比度"命令,在弹出的对话框中设置各项参数,如图 130-23 所示,完成后单击"确定"按钮,效果如图 130-24 所示。

图130-23 　　　　　　　　　　图130-24

技巧提示：

"特殊模糊"对话框中的三个模式分别为正常、仅限边缘、叠加边缘。

正常：为整个选区设置模式。

仅限边缘：为颜色转变的边缘设置模式。在对比度显著的地方，应用黑白混合的边缘。

叠加边缘：为颜色转变的边缘设置模式。在对比度显著的地方，应用黑的边缘。

11 执行"滤镜 > 模糊 > 特殊模糊"命令，在弹出的对话框中设置各项参数，如图 130-25 所示，完成后单击"确定"按钮，效果如图 130-26 所示。

图130-25 　　　　　　　　　　图130-26

12 执行"滤镜 > 模糊 > 高斯模糊"命令，在弹出的对话框中设置"半径"为 2 像素，如图 130-27 所示，完成后单击"确定"按钮，效果如图 130-28 所示。

图130-27 　　　　　　　　　　图130-28

13 执行"滤镜 > 画笔描边 > 喷溅"命令，在弹出的对话框中设置各项参数，如图 130-29 所示，完成后单击"确定"按钮，效果如图 130-30 所示。

图130-29 　　　　　　　　　　图130-30

14 执行"滤镜 > 纹理 > 纹理化"命令,在弹出的对话框中设置各项参数,如图 130-31 所示,完成后单击"确定"按钮,效果如图 130-32 所示。

图130-31　　　　　　图130-32

15 选择"背景副本"图层,将其混合模式设置为"叠加",如图 130-33 所示,效果如图 130-34 所示。

图130-33　　　　　　图130-34

16 将"背景副本"图层拖至"背景副本 2"图层下方,变换图层顺序,如图 130-35 所示,效果如图 130-36 所示。选择"背景"图层,单击"背景副本 2"、"背景副本"和"背景副本 3"图层的"指示图层可视性"按钮，隐藏这三个图层,显示"背景"图层,如图 130-37 所示。

图130-35　　　　　图130-36　　　　　图130-37

17 单击魔棒工具，按住 Shift 键的同时单击图像,对图像的亮部和暗部建立选区,如图 130-38 所示。按下 Ctrl+J 键,复制选区得到"图层 1",如图 130-39 所示,按下 Ctrl+Shift+] 键,将"图层 1"置于最上层,如图 130-40 所示。

图130-38　　　　　图130-39　　　　　图130-40

18 单击"背景副本 2"、"背景副本"和"背景副本 3"图层的"指示图层可视性"按钮 ，显示这三个图层。再将"图层 1"的混合模式设置为"颜色"，如图 130-41 所示，效果如图 130-42 所示。

图130-41　　　　　　图130-42

19 单击直排文字工具 ，在字符面板中设置各项参数，如图 130-43 所示。在图像合适位置添加诗词文字，如图 130-44 所示。

图130-43　　　　　　图130-44

20 执行"文件 > 打开"命令，打开本书配套光盘中 Chapter12\130 制作水墨画效果 \Media\002.psd 文件，如图 130-45 所示。单击移动工具 ，将素材 002.jpg 文件拖至素材文件 001.jpg 中，按下 Ctrl+T 键对其进行自由变换，将其调整至合适大小和位置，如图 130-46 所示。单击直排文字工具 ，设置颜色为白色，并选择合适的字体及大小，在印章中添加文字，效果如图 130-47 所示。至此，本实例制作完成。

图130-45　　　　　　图130-46　　　　　　图130-47

技巧提示：

设置字体的文本格式，可以输入文字后，单击属性栏中的格式按钮进行设置。单击颜色块可以在弹出的"拾色器"对话框中设置颜色。

131 制作水彩效果

Before

After

　　本例中原照片颜色普通，但是非常适合制作艺术效果，通过添加水彩效果使照片更能表现出春天生机勃勃的气象。在实际应用中需要说明的是，水彩滤镜的设置会直接影响图像的效果。

主要使用功能：高斯模糊、水彩滤镜、图层混合模式等。

最终文件路径：Chapter12\131制作水彩效果\Complete\制作水彩效果.psd。

01 执行"文件 > 打开"命令，在弹出的对话框中，选择本书配套光盘中 Chapter12\131制作水彩效果 \Media\001.jpg 文件，单击"打开"按钮打开素材文件，如图 131-1 所示。将"背景"图层拖动到"创建新图层"按钮 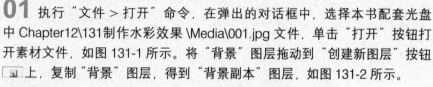 上，复制"背景"图层，得到"背景副本"图层，如图 131-2 所示。

图131-1

图131-2

02 选择"背景副本"图层，执行"滤镜 > 模糊 > 特殊模糊"命令，在弹出的对话框中设置各项参数，如图 131-3 所示，完成后单击"确定"按钮，效果如图 131-4 所示。

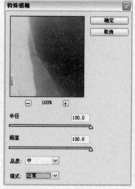
图131-3

图131-4

技巧提示：

水彩命令主要是用颜色比较深的线条，制作照片的水彩画效果，还可用于制作广告招贴的背景图像。

03 执行"滤镜 > 艺术效果 > 水彩"命令，在弹出的对话框中设置各项参数，如图 131-5 所示，完成后单击"确定"按钮，效果如图 131-6 所示。

图131-5

图131-6

04 执行"编辑 > 渐隐水彩"命令，在弹出的对话框中设置各项参数，如图 131-7 所示，完成后单击"确定"按钮，效果如图 131-8 所示。

图131-7

图131-8

技巧提示：

在"纹理化"对话框中，勾选"反相"复选框后，可以翻转纹理的方向。

05 执行"滤镜 > 纹理 > 纹理化"命令，在弹出的对话框中设置各项参数，如图 131-9 所示，完成后单击"确定"按钮，效果如图 131-10 所示。

图131-9

图131-10

06 将"背景副本"图层拖动到"创建新图层"按钮 ▣ 上，复制"背景副本"图层，得到"背景副本 2"图层，如图 131-11 所示。选择"背景副本 2"图层，执行"滤镜 > 模糊 > 高斯模糊"命令，在弹出的对话框设置"半径"为 15 像素，如图 131-12 所示，完成后单击"确定"按钮，效果如图 131-13 所示。

图131-11

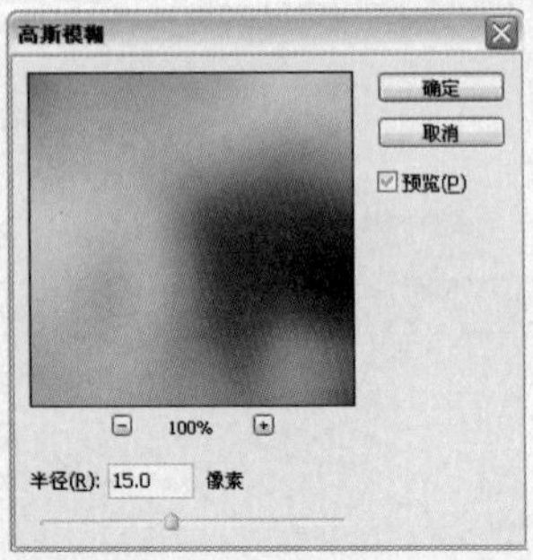

图131-12

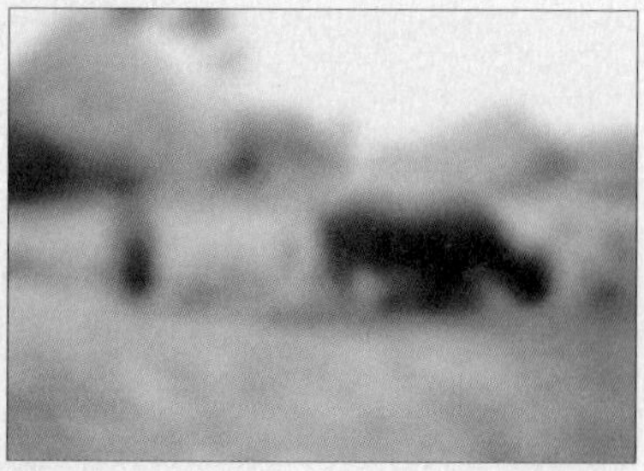

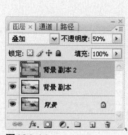

图131-13

07 选择“背景副本 2”图层，将其混合模式设置为“叠加”，“不透明度”设置为 50%，如图 131-14 所示，效果如图 131-15 所示。

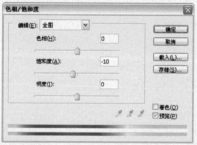

图131-14

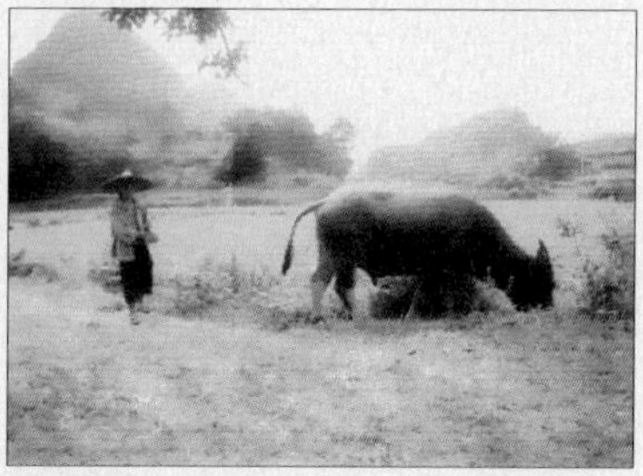

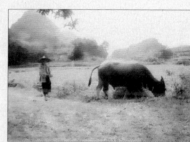

图131-15

08 单击“创建新的填充或调整图层”按钮，在下拉菜单中选择“色相 / 饱和度”命令，在弹出的对话框中设置“饱和度”为 -10，如图 131-16 所示，完成后单击“确定”按钮，效果如图 131-17 所示。

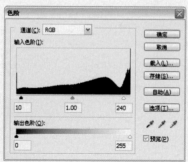

图131-16

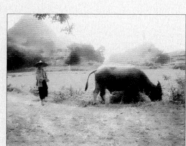

图131-17

09 单击“创建新的填充或调整图层”按钮，在下拉菜单中选择“色阶”命令，在弹出的对话框中设置各项参数，如图 131-18 所示，完成后单击“确定”按钮，效果如图 131-19 所示。至此，本实例制作完成。

图131-18

图131-19

技巧提示：

在图层混合模式中，叠加模式是最适合图像之间的合成的模式，但是针对有些图像，也需要通过“不透明度”的调节来达到最佳的效果。

132 制作素描画效果

Before	After

　　本例中原照片的色彩层次不够突出，可以为其添加素描效果，让照片别具风格。在实际应用中需要注意素描效果的线条运用，不能够过粗或过细。

 主要使用功能：去色命令、动感模糊滤镜、高斯模糊滤镜、图层混合模式等。

 最终文件路径：Chapter12\132制作素描画效果\Complete\制作素描画效果.psd。

拍摄技巧：

在拍摄人物照片的时候，不一定要将视角固定在单一水平线上，可以尝试站在较低的位置上仰望模特，可以表现出被拍摄者的高大形象和独特气质。

技巧提示：

反相命令主要用于反转图像中的颜色，有些类似于黑白底片的效果。

01 执行"文件 > 打开"命令，在弹出的对话框中，选择本书配套光盘中Chapter12\132 制作素描画效果 \Media\001.jpg 文件，单击"打开"按钮打开素材文件，如图 132-1 所示。执行"图像 > 调整 > 去色"命令，完成后效果如图 132-2 所示。

图132-1　　　　　　　　图132-2

02 将"背景"图层拖动到"创建新图层"按钮上，复制"背景"图层，得到"背景副本"图层，如图 132-3 所示。按下 Ctrl+I 键，执行反相命令，效果如图 132-4 所示。

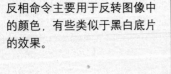  

图132-3　　　　　　　　图132-4

03 选择"背景副本"图层，执行"滤镜 > 模糊 > 高斯模糊"命令，在弹出的对话框中设置"半径"为 15，如图 132-5 所示，完成后单击"确定"按钮，效果如图 132-6 所示。

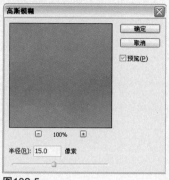

图132-5

图132-6

04 选择"背景副本"图层，将其混合模式设置为"颜色减淡"，如图132-7所示，效果如图132-8所示。按下 Ctrl+E 键，向下合并图层，此时"图层"面板如图132-9所示。

图132-7

图132-8

图132-9

05 再次复制"背景"图层，得到"背景副本"图层，如图132-10所示。执行"滤镜 > 杂色 > 添加杂色"命令，在弹出的对话框中设置各项参数，如图132-11所示，完成后单击"确定"按钮，效果如图132-12所示。

图132-10

图132-11

图132-12

06 执行"滤镜 > 模糊 > 动感模糊"命令，在弹出的对话框中设置各项参数，如图132-13所示，完成后单击"确定"按钮，效果如图132-14所示。

图132-13

图132-14

07 选择"背景副本"图层，将"不透明度"设置为50%，如图132-15所示，效果如图132-16所示。

图132-15   图132-16

08 单击"创建新的填充或调整图层"按钮，在下拉菜单中选择"色阶"命令，在弹出的对话框中设置其参数，如图132-17所示，完成后单击"确定"按钮，效果如图132-18所示。至此，本实例制作完成。

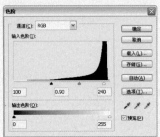

图132-17   图132-18

读书笔记

133 制作装饰画效果

视频文件：Chapter12\133制作装饰画效果.exe

Before

After

本例原照片中的景色秀美，很适合制作装饰画，可通过处理，使其更具艺术气息。实际应用中需要注意绘画涂抹的参数设置，以免损失照片的细节。

主要使用功能：绘画涂抹滤镜，干画笔滤镜，色相/饱和度命令等。

最终文件路径：Chapter 12\133制作装饰画效果\Complete\制作装饰画效果.psd。

拍摄技巧：
现在很多的拍摄者在外出拍摄全景风光照片的时候，都会使用三脚架，来起到固定拍摄角度和防止抖动的作用。

技巧提示：
对细节进行调整时，应注意绘画涂抹的参数设置，尽量不要损失照片的细节。

01 执行"文件 > 打开"命令，打开本书配套光盘中 Chapter12\133 制作装饰画效果 \Media\001.jpg 文件。复制"背景"图层，并对"背景副本"图层执行"绘画涂抹"滤镜及"干画笔"滤镜命令，效果如图 133-1 所示。单击"创建新的填充或调整图层"按钮，执行"色阶"调整图层命令，效果如图 133-2 所示。

图133-1

图133-2

02 再执行"色相 / 饱和度"调整图层命令并设置"饱和度"为 40，效果如图 133-3 所示。新建"图层 1"，将前景色设置为棕色（R64、G51、B32），单击矩形选框工具，在图像边缘创建边框选区并填充前景色，效果如图 133-4 所示。单击"添加图层样式"按钮，添加"斜面和浮雕"图层样式，效果如图 133-5 所示。至此，本实例制作完成。

图133-3

图133-4

图133-5

134 制作黑白木刻版画效果

视频文件：Chapter12\134制作黑白木刻版画效果.exe

Before

After

　　本例原照片中女孩的表情及周围环境使照片具有某种特殊的氛围，可以将其制作成为黑白木刻版画效果图像，以添加独特的韵味。在实际操作中需要注意木刻的强度，以免丢失照片中主人公的细节。

 主要使用功能： 去色命令、木刻滤镜、亮度/对比度命令、色阶命令等。

 最终文件路径： Chapter12\134制作黑白木刻版画效果\Complete\制作黑白木刻版画效果.psd。

拍摄技巧：

在日常拍摄中，一般都是以身边的人作为模特进行拍摄，由于模特能力有限，因此经常会出现造型生硬的问题。这时，可以灵活运用模特的手部，表现自然的姿势。同时，在拍摄时还应注意最好不要拍摄模特的手心，这样会给人不自然的感觉。

技巧提示：

使用画笔工具的时候注意选择合适的画笔笔尖。

01 执行"文件 > 打开"命令，打开本书配套光盘中 Chapter12\134 制作黑白木刻版画效果 \Media\001.jpg 文件，如图 134-1 所示。复制"背景"图层，并对"背景副本"图层执行"图像 > 调整 > 去色"命令，效果如图 134-2 所示。

图134-1

图134-2

02 再执行"滤镜 > 艺术效果 > 木刻"命令，并适当进行设置，效果如图 134-3 所示。单击"创建新的填充或调整图层"按钮，分别选择"亮度 / 对比度"及"色阶"命令来调整图像。最后再使用画笔工具，为图像适当添加一些图案，如图 134-4 所示。至此，本实例制作完成。

图134-3

图134-4

2006.11.22 摄于云南丽江

Chapter

13

为照片添加艺术文字效果

本章主要为数码照片添加一些艺术文字，将一张张普通的照片变得有趣可爱且更有意义，同时也轻松地为照片添加主题，增强照片的实用性。通过本章的学习，可以使您在以后的实际操作中发挥自己的想象力和创造力，制作出更加有趣个性的效果图像。

135 为一次成像的照片添加时间

Before

After

本例中原照片是旅游风景照片，很具有纪念意义，可以为其添加拍摄的时间和地点，便于收藏与回忆。在实际应用中需要注意画布大小的设置。

主要使用功能： 裁剪工具、画布大小命令、色阶命令、可选颜色命令、图层样式、文字工具等。

最终文件路径： Chapter13\135为一次成像的照片添加时间\Complete\为一次成像的照片添加时间.psd。

拍摄技巧：

在拍摄风景和人物结合的照片时，一定要注意光线的运用，选择适当的光线角度来拍摄，从而使照片更完美。

技巧提示：

如果不想将背景图层转换为一般图层，可以复制背景图层来进行操作。

01 执行"文件 > 打开"命令，在弹出的对话框中，选择本书配套光盘中 Chapter13\135为一次成像的照片添加时间 \Media\001.jpg 文件，单击"打开"按钮打开素材文件，如图 135-1 所示。

图135-1

02 双击"背景图层"，在弹出的对话框中保持其默认设置，如图 135-2 所示，单击"确定"按钮，得到"图层 0"，如图 135-3 所示。选择"图层 0"图层，单击裁剪工具，并在属性栏中设置其参数，如图 135-4 所示。

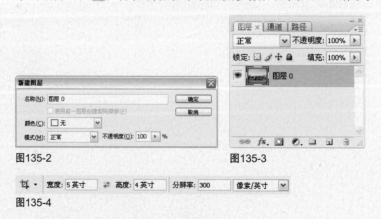

图135-2

图135-3

图135-4

03 在照片的合适位置进行裁剪，如图 135-5 所示，完成后按下 Enter 键确定，效果如图 135-6 所示。

图135-5　　　　　　　　　　　　图135-6

04 执行"图像 > 画布大小"命令，在弹出的对话框中设置其宽度及高度，如图 135-7 所示，完成后单击"确定"按钮，效果如图 135-8 所示。

图135-7　　　　　　　　　　　　图135-8

05 单击"创建新图层"按钮 ，得到"图层 1"，如图 135-9 所示。将"图层 1"拖至"图层 0"下方，如图 135-10 所示。

图135-9　　　　　　　　　　　　图135-10

06 选择"图层 1"，按下 D 键恢复前景色与背景色的默认值，再按下 Ctrl+Delete 键填充背景色，如图 135-11 所示。选择"图层 0"，单击移动工具 ，将图像移至合适位置，如图 135-12 所示。

图135-11　　　　　　　　　　　　图135-12

技巧提示：

利用色阶命令来调整图像的对
比度，能够更好的表现图像的
色彩。

07 选择"图层 0"，执行"图像 > 调整 > 色阶"命令，在弹出的对话框
中设置各项参数，如图 135-13 所示，完成后单击"确定"按钮，效果如图
135-14 所示。

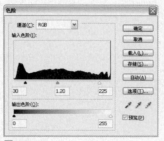
图135-13

图135-14

08 执行"图像 > 调整 > 可选颜色"命令，在弹出的"颜色"下拉列表
中分别选择"黄色"和"青色"选项，并设置各项参数，如图 135-15 和
135-16 所示。完成后单击"确定"按钮，效果如图 135-17 所示。再执行
"滤镜 > 锐化 >USM 锐化"命令，在弹出的对话框中设置各项参数，如图
135-18 所示，完成后单击"确定"按钮，效果如图 135-19 所示。

图135-15

图135-16

图135-17

图135-18

图135-19

技巧提示：

在投影的对话框中有几个选
项，每个选项各有其作用。

角度：确定效果应用于图层时
所采用的光照角度，可以改变
阴影的位置。

距离：指定阴影的偏离距离。
距离值越大，图像和阴影之间
的距离就越大。

扩展：主要调整阴影在图像上
被扩展边界的大小。

大小：用来调整阴影的大小。
值越大，阴影的范围就越大。

09 选择"图层 0"，单击"添加图层样式"按钮 _fx_，在下拉列表中选择"投
影"，在弹出的对话框中设置各项参数，如图 135-20 所示，完成后单击"确
定"按钮，效果如图 135-21 所示。

图135-20

图135-21

10 按下快捷键 Ctrl+E, 向下合并图层, 得到"图层 1", 如图 135-22 所示。执行"图像 > 画布大小"命令, 在弹出的对话框中设置其宽度及高度, 如图 135-23 所示, 完成后单击"确定"按钮, 效果如图 135-24 所示。

图135-22　　　　图135-23　　　　图135-24

11 单击"创建新图层"按钮 ⬛, 得到"图层 2", 并将"图层 2"拖至"图层 1"下层。选择"图层 2", 按下 Ctrl+Delete 键, 将其填充为白色, 效果如图 135-25 所示。选择"图层 1", 单击"添加图层样式"按钮 _fx._, 在下拉列表中选择"投影"选项, 并在弹出的对话框中设置各项参数, 如图 135-26 所示。完成后单击"确定"按钮, 效果如图 135-27 所示。

图135-25　　　　图135-26　　　　图135-27

技巧提示:

在"文字"面板中可设置消除锯齿的方法。消除锯齿可通过部分地填充边缘像素来产生边缘平滑的文字, 使文字边混合到背景中。这里消除锯齿包括无、锐利、犀利、深厚及平滑五种方式, 可根据所需选择使用。

12 单击横排文字工具 T, 在"字符"面板中按照喜好进行设置, 如图 135-28 所示, 然后在照片中单击并为照片添加日期, 完成后效果如图 135-29 所示。至此, 本实例制作完成。

图135-28　　　　图135-29

136 添加个性签名

Before

After

本例中原照片的人物表情和构图都比教完整，并且照片的背景独特，可以为其添加个性签名使照片更有意义。在实际应用中需要说明的是，添加签名时可根据自己的喜好变换不同的字体。

主要使用功能：色阶命令、曲线命令、圆角矩形工具、图层样式、钢笔工具、横排文字工具等。

最终文件路径：Chapter13\136添加个性签名\Complete\添加个性签名.psd。

拍摄技巧：

拍摄有造型的人物照片时，一定要与模特事先做好沟通，在模特准备好以后再进行拍摄。

---

01 执行"文件 > 打开"命令，在弹出的对话框中，选择本书配套光盘中Chapter13\136 添加个性签名 \Media\001.jpg 文件，单击"打开"按钮打开素材文件，如图 136-1 所示。

图136-1

02 将"背景"图层拖移至"创建新图层"按钮 ◻ 上，复制"背景"图层，得到"背景副本"图层。选择"背景副本"图层，执行"图像 > 调整 > 色阶"命令，在弹出的对话框中设置各项参数，如图 136-2 所示。完成后单击"确定"按钮，效果如图 136-3 所示。

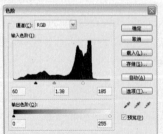

图136-2

图136-3

03 单击套索工具 ◻，按住 Shift 键圈选出人物脸部的皮肤部分，如图 136-4 所示。

图136-4

04 执行"图像 > 调整 > 曲线"命令，在弹出的对话框中设置各项参数，如图 136-5 所示，完成后单击"确定"按钮，再按下 Ctrl+D 取消选区，效果如图 136-6 所示。

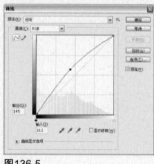

图136-5   图136-6

05 单击圆角矩形工具，并在其属性栏中设置各项参数，如图 136-7 所示，在图像上合适的位置拖选出一定区域，如图 136-8 所示。选择"路径"面板，此时面板如图 136-9 所示。

图136-7

图136-8   图136-9

06 按住 Ctrl 键的同时单击路径缩览图，将图像载入选区，返回"图层"面板，按下 Ctrl+J 键复制选区，得到"图层 1"。选择"图层 1"，单击"添加图层样式"按钮，在下拉列表中选择"投影"命令，并在弹出的对话框中设置各项参数，如图 136-10 所示。完成后单击"确定"按钮，效果如图 136-11 所示。

图136-10   图136-11

技巧提示：

在属性栏中设置"半径"，可以控制圆角矩形的边缘圆滑度，值越大，角越圆。

技巧提示：

建立路径后，按住 Ctrl 键的同时单击路径即可以生成选区，或者按下快捷键 Ctrl+Enter 直接自动生成选区。

这里添加了图层样式，可使图像变得更生动。

07 单击钢笔工具 ，在图像中右边人物的手腕位置绘制弯曲的路径，如图 136-12 所示。

图136-12

08 单击横排文字工具 ，在"字符"面板中设置字体及参数，如图 136-13 所示，单击上一步所添加的路径开头处，并输入所需文字，如图 136-14 所示。

图136-13

图136-14

技巧提示：

图层具有上下的关系，上面的图层可以遮盖下面的图层，改变图层的上下关系会影响图像的最终效果，因此在对照片进行处理时要特别注意，以免影响照片的效果。

09 单击"创建新图层"按钮 ，得到"图层 2"，单击矩形选框工具 ，在图像中需要添加标签的位置拖选出适当大小的选区，如图 136-15 所示，设置前景色为红色（R235、G0、B0），按下 Alt+Delete 键填充选区，再按下 Ctrl+D 键取消选区，效果如图 136-16 所示。

图136-15

图136-16

10 选择"图层 2"，单击"添加图层样式"按钮 ，在下拉列表中选择"投影"选项，在弹出的对话框中设置各项参数，如图 136-17 所示，完成后单击"确定"按钮，效果如图 136-18 所示。

图136-17

图136-18

11 单击直排文字工具 T ，在"字符"面板中设置字体及参数，如图 136-19 所示，单击"图层 2"所处位置添加签名，如图 136-20 所示。

图136-19

图136-20

12 单击"创建新图层"按钮 ，得到"图层 3"，单击铅笔工具 ，将前景色设置为红色（R235、G0、B0），在合适的位置绘制自己喜欢的图案，如图 136-21 所示，单击移动工具 ，按住 Alt 键多次拖动图案，复制"图层 3"，得到"图层 3 副本"和"图层 3 副本 2"，如图 136-22 所示。

图136-21

图136-22

13 分别选择"图层 3 副本"及选择"图层 3 副本 2"图层，按下 Ctrl+T 键对图像进行自由变换，并调整到合适的位置，完成后按下 Enter 键确定，效果如图 136-23 所示。

图136-23

技巧提示：

图层可以随意移动，每一个图层的图像都可以整体的进行移动，并且可以向任意方向进行独立的移动，来改变图层在图像上的位置。

图层都是独立的，在一个图层上进行绘制的时候，这个操作只对当前的图层起作用。

14 选择"背景副本"图层，执行"滤镜 > 纹理 > 纹理化"命令，在弹出的对话框中设置各项参数，如图 136-24 所示，完成后单击"确定"按钮，效果如图 136-25 所示。至此，本实例制作完成。

图136-24

图136-25

137 为窗户上添加手写字效果

本例中原照片具有一种浪漫的情调，但主题不突出，可以为其添加一些文字，加强图像的视觉效果。在实际应用中需要注意文字与窗户的透视关系。

 主要使用功能： 色阶命令、磁性套索工具、图层混合模式、铅笔工具等。

 最终文件路径： Chapter13\137为窗户添加手写字的效果\Complete\为窗户添加手写字的效果.psd。

拍摄技巧：

在室内拍摄微距照片时，背景起着决定性的作用。黑色的硬纸板可以营造出一个简单整洁的背景；而拍摄自然界物体则以斑驳的背景最为适宜。例如，可以在广告板上染出不同的色彩，再从中选出最自然的色调来模拟天空。

直射的阳光往往过"硬"，需要加以柔化。可用大块透明的塑料布，根据光线的强度、需要的柔化程度来逐层添加，遮挡阳光以达到效果。使用薄棉布也能起到同样的效果。此外，还需要一块反光板，把射入的阳光反射到被摄物的阴影部分，铝箔片或白色硬纸板都能起到满意效果。

在室内拍摄微距照片的好处是不会受到风的影响。为取得足够大的景深，必须使用小光圈，以慢速度进行拍摄，这很容易造成模糊，而在室内就可将风造成的影像模糊程度减至最低。不过同时还应保证室内有足够的阳光。

01 执行"文件 > 打开"命令，在弹出的对话框中，选择本书配套光盘中Chapter13\137为窗户添加手写字的效果 \Media\001.jpg 文件，单击"打开"按钮打开素材文件，如图137-1 所示。将"背景"图层拖移至"创建新图层"按钮 上，复制"背景"图层，得到"背景副本"图层。选择"背景副本"图层，执行"图像 > 调整 > 色阶"命令，在弹出的对话框中设置各项参数，如图137-2 所示。完成后单击"确定"按钮，效果如图137-3 所示。单击磁性套索工具 ，拖选出窗口部分，创建选区，如图137-4 所示。

图137-1

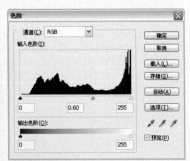

图137-2

图137-3

图137-4

技巧提示：

利用磁性套索工具可以轻松的对复杂的图像建立选区，只需单击后，再沿着图像的外轮廓进行拖动，即可自动生成选区。

技巧提示：

因为下面设置图层的混合模式为"叠加"。所以这是可选择任意画笔颜色。

02 单击"创建新图层"按钮 ，得到"图层1"，单击铅笔工具 ，并在属性栏中设置其参数，如图137-5所示。在窗户的合适位置上绘制自己喜爱的图案，如图137-6所示。

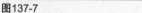
图137-5　　　　　　　　　　图137-6

03 选择"图层1"，将其混合模式设置为"叠加"，如图137-7所示，效果如图137-8所示。

图137-7　　　　　　　　　　图137-8

04 执行"图像 > 调整 > 色阶"命令，在弹出的对话框中设置各项参数，如图137-9所示，完成后单击"确定"按钮，效果如图137-10所示。

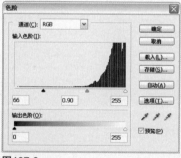
图137-9　　　　　　　　　　图137-10

05 执行"图像 > 调整 > 可选颜色"命令，在弹出对话框的"颜色"下拉列表中分别选择"黄色"、"绿色"和"白色"选项，并设置各项参数，如图137-11、图137-12和图137-13所示，完成后单击"确定"按钮，按下Ctrl+D键取消选区，效果如图137-14所示。

技巧提示:

利用可选颜色命令有针对性的调整图像的色彩,以达到最佳的效果。

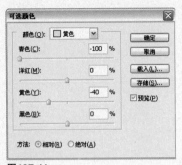

图137-11

图137-12

图137-13

图137-14

06 将"图层1"拖移至"创建新图层"按钮 上,复制"图层1",得到"图层1副本"图层,如图137-15所示。效果如图137-16所示。

图137-15

图137-16

07 选择"图层1副本"图层,将"不透明度"设置为40%,如图137-17所示,效果如图137-18所示。至此,本实例制作完成。

图137-17

图137-18

138 制作可爱写真封面

Before

After

　　本例中原照片比较单一，没有明确的主题，可以为图像添加一些元素，制作成可爱的写真封面。在实际应用中可以根据自己的喜好绘制不同的图案。

 主要使用功能：铅笔工具、钢笔工具、自定形状工具、色阶命令等。

 最终文件路径：Chapter 13\138制作可爱写真封面\Cmplete\制作可爱写真封面.psd。

拍摄技巧：

在野外拍摄中，云也是一种很好的素材。

拍摄云彩时，所选择的曝光量决定照片的效果。如果想要天空图像晦暗，可先用测光表取一读数，然后缩小大约一至三级光圈来进行拍摄。如果在你的构图中出现显著的强光区，如逆光照明的水面，这时，最大限度地减少曝光（调整两至三级光圈或快门速度），效果就会更好，这将与黑暗的天空形成足够的反差，以避免拍出的影像曝光不足。

此外，偏振镜也可以用来使天空发暗并突出白色云朵，而配合太阳光角度的选择，效果会更好。

在日落以后，天黑之前，可对云彩作定时曝光，以显示风的运动。从而拍摄出风中暮色的动人之处。

01 执行"文件 > 打开"命令，在弹出的对话框中，选择本书配套光盘中 Chapter13\138 制作可爱写真封面 \Media\001.jpg 文件，单击"打开"按钮打开素材文件，如图 138-1 所示。

图138-1

02 将"背景"图层拖移至"创建新图层"按钮 上，复制"背景"图层，得到"背景副本"图层。单击"创建新图层"按钮 ，得到"图层 1"，单击铅笔工具 ，并在属性栏中选择合适的笔触大小，如图 138-2 所示。将前景色设置为白色，在图像下方绘制可爱图案，如图 138-3 所示。

铅笔 ▾ | 画笔: 7 | 模式: 正常 ▾ | 不透明度: 100% ▸ | □自动抹除

图138-2

图138-3

技巧提示：

也可在画笔面板中选择各种形状的笔尖，进行生动的绘制。

03 单击"创建新图层"按钮 ，得到"图层2"，单击铅笔工具 ，并在属性栏中选择合适的笔触大小，如图138-4所示。将前景色设置为白色，在图像合适位置绘制图案，如图138-5所示。

画笔：2 模式：正常 不透明度：100% □自动抹除

图138-4

图138-5

04 单击"创建新图层"按钮 ，得到"图层3"，单击钢笔工具 ，在合适的位置绘制纸飞机图案路径，如图138-6所示。选择"路径"面板，按住Ctrl键的同时单击"工作路径"的路径缩览图将图像载入选区，返回"图层"面板，将选区填充为白色，并按下Ctrl+D键取消选区，效果如图138-7所示。

图138-6

图138-7

05 单击"创建新图层"按钮 ，得到"图层4"，单击铅笔工具 ，并在属性栏中选择合适的笔触大小，如图138-8所示。将前景设置为白色，在图像合适的位置书写文字，效果如图138-9所示。

画笔：4 模式：正常 不透明度：100% □自动抹除

图138-8

图138-9

06 单击"创建新图层"按钮 ，得到"图层5"，单击自定形状工具 ，选择心形形状，如图38-10所示。在图像合适的位置绘制心形路径，如图138-11所示。选择"路径"面板，此时面板如图138-12所示。

图138-10

图138-11

图138-12

07 按住 Ctrl 键的同时单击路径缩览图，将图像载入选区，设置前景色为浅紫色（R250、G138、B220），按下 Alt+Delete 键填充选区，再按下 Ctrl+D 键取消选区，效果如图 138-13 所示。选择"图层5"，按下 Ctrl+T 键，对图像行自由变换并调整到合适位置，完成后按下 Enter 键确定，效果如图 138-14 所示。

图138-13

图138-14

08 将"图层5"拖移至"创建新图层"按钮 上，复制"图层5"，得到"图层5副本"图层，如图138-15所示。选择"图层5副本"图层，按下 Ctrl+T 键对图像进行自由变换，将其调整到合适大小及位置，完成后按下 Enter 键确定，效果如图 138-16 所示。

图138-15

图138-16

09 选择"背景副本"图层，执行"图像 > 调整 > 色阶"命令，在弹出的对话框中设置各项参数，如图138-17所示，完成后单击"确定"按钮，效果如图138-18所示。

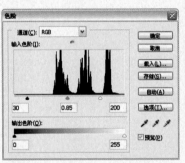

图138-17

图138-18

10 单击"创建新图层"按钮 ，得到"图层6"，单击画笔工具 ，将前景色设置为白色，并在属性栏中选择"粗边圆形钢笔"笔触，如图138-19所示，在图像四边绘制边缘，效果如图138-20所示。至此，本实例制作完成。

图138-19

图138-20

技巧提示：
画笔工具的属性栏中的"流量"选项是用来设置当将指针移动到某个区域上方时应用颜色的速率。

读书笔记

139 制作便签纸效果

视频文件：Chapter13\139制作便签纸效果.exe

Before

After

本例中原照片的天空干净透明，但是照片本身并无特别之处，可以将其制作为便签纸，增添图像的趣味性和实用性。在处理的时候，需要注意添加的元素与原图是否合适。

 主要使用功能： 自定形状工具、画笔工具、钢笔工具等。

 最终文件路径： Chapter13\139制作便签纸效果\Complete\制作便签纸效果.psd。

拍摄技巧：

在白天拍摄天空，由于角度和时间不同，会导致景物也不同，可灵活运用，捕捉美丽瞬间。

01 执行"文件 > 打开"命令，打开本书配套光盘中 Chapter13\139制作便签纸效果\Media\001.jpg 文件，如图 139-1 所示。复制"背景"图层，并选择"背景副本"图层，单击画笔工具 ，分别设置前景色，并适当调整画笔的不透明度，为天空及云彩进行着色，效果如图 139-2 所示。

图139-1

图139-2

技巧提示：

使用画笔工具的时候应选择柔和画笔，并根据所需调整不透明度。

在使用自定形状工具的时候根据实际操作控制形状大小与具体位置。

绘制风筝线的时候应注意线条的流畅。

02 使用自定形状工具 ，绘制心形图案，再使用画笔工具为其添加高光效果。然后结合钢笔工具 和画笔工具 ，绘制出风筝线和云彩表情，并设置适当颜色对图像进行涂抹，制造梦幻效果，完成后效果如图 139-3 所示。最后盖印所有可见图层，并对得到的图层应用纹理化滤镜，效果如图 139-4 所示。至此，本实例制作完成。

图139-3

图139-4

140 制作个人心情日记效果

Before

After

本例中原照片比较平常没有新意，可以为其添加一些图案，制作成为心情日记使其具有独特的个性。在实际应用中需要注意背景图像的选择也要根据原图像的内容来决定，这样的效果才会和谐。

 主要使用功能： 色阶命令、可选颜色命令、矩形选框工具、描边命令、图层样式等。

 最终文件路径： Chapter13\140制作个人心情日记效果\Complete\制作个人心情日记效果.psd。

拍摄技巧：

按快门时可使用如下技巧：

（1）按快门时要思想集中，全身镇定。如果用手握相机拍照，应使用较高的快门速度（1/60,1/125），以防止手按下时，发生相机微动。

（2）要轻轻的按下快门，切勿猛按，用力要和拿握相机的用力配合一致。

（3）按快门要掌握三稳：人要站稳，机要靠稳，手要把稳。

01 执行"文件 > 打开"命令，在弹出的对话框中，选择本书配套光盘中 Chapter13\140制作个人心情日记效果 \Media\002.jpg 文件，单击"打开"按钮打开素材文件，如图 140-1 所示。

图140-1

02 将"背景"图层拖移至"创建新图层"按钮 上，复制"背景"图层，得到"背景副本"图层。选择"背景副本"图层，执行"图像 > 调整 > 色阶"命令，在弹出的对话框中设置各项参数，如图 140-2 所示。完成后单击"确定"按钮，效果如图 140-3 所示。

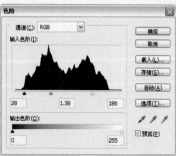
图140-2

图140-3

技巧提示：

在矩形选框工具的属性栏中可以选择"固定长宽比"，来设置高宽比。也可选择"固定大小"，为选框的高度和宽度指定固定的值来创建选区。

03 单击"创建新图层"按钮，得到"图层 1"，选择矩形选框工具，在图像合适位置绘制矩形选框，如图 140-4 所示。将前景色设置为白色，按下 Alt+Delete 键填充选区为白色，效果如图 140-5 所示。

图140-4

图140-5

技巧提示：

可根据自己的设想选择适合的纹理质感。

04 选择"图层 1"，执行"滤镜 > 纹理 > 纹理化"命令，在弹出的对话框中设置各项参数，如图 140-6 所示。完成后单击"确定"按钮，并按下 Ctrl+D 键取消选区，效果如图 140-7 所示。

图140-6

图140-7

05 选择"图层 1"，设置前景色为蓝色（R120、G187、B255），执行"编辑 > 描边"命令，在弹出的对话框中设置各项参数，如图 140-8 所示。完成后单击"确定"按钮，效果如图 140-9 所示。

技巧提示：

在"描边"对话框中可以选择描边的位置，不同的位置添加的图像效果也就不同。

在"颜色"的选项中，可以单击选择需要的颜色，一般情况下显示的是前景色。

图140-8

图140-9

06 按下 Ctrl+T 键，对"图层 1"进行自由变换，并将其调整到合适位置，完成后按下 Enter 键确定，效果如图 140-10 所示。执行"文件 > 打开"命令，在弹出的对话框中，选择本书配套光盘中 Chapter13\140 制作个人心情日记效果 \Media\001.jpg 文件，单击"打开"按钮打开素材文件，如图 140-11 所示。

图140-10

图140-11

07 单击移动工具 ，将素材 001.jpg 文件拖至素材 002.jpg 中，自动生成"图层 2"，按下 Ctrl+T 键，对"图层 2"进行自由变换，并将其调整到合适位置，完成后按下 Enter 键确定，效果如图 140-12 所示。

图140-12

08 选择"图层 2"，执行"图像 > 调整 > 色彩平衡"命令，在弹出的对话框中分别选择"阴影"、"中间调"和"高光"选项，并设置其参数，如图 140-13 ～ 图 140-15 所示，完成后单击"确定"按钮，效果如图 140-16 所示。

技巧提示：

分别选择"色彩平衡"对话框中的"阴影"，"中间调"，"高光"选项进行设置，可以更加细致对图像进行调整，得到更好的效果。

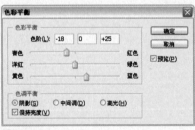
图140-13

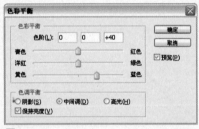
图140-14

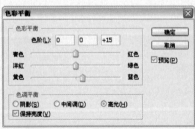
图140-15

图140-16

09 执行"图像 > 调整 > 可选颜色"命令，在弹出对话框的"颜色"下拉列表中分别选择"绿色"和"黑色"选项，并设置各项参数，如图 140-17 和 140-18 所示，完成后单击"确定"按钮，效果如图 140-19 所示。

图140-17　　　　　　　　图140-18

图140-19

10 执行"文件 > 打开"命令，在弹出的对话框中，选择本书配套光盘中 Chapter13\140 制作个人心情日记效果 \Media\ 铅笔 .psd 文件，单击"打开"按钮打开素材文件，如图 140-20 所示。单击移动工具 ，将素材铅笔 .psd 文件拖至素材 002.jpg 中，自动生成"图层 3"，按下 Ctrl+T 键，对"图层 3"进行自由变换，并将其调整到合适位置，完成后按下 Enter 键确定，效果如图 140-21 所示。

图140-20　　　　　　　　图140-21

11 单击"创建新图层"按钮 ，得到"图层 4"，单击自定形状工具 ，选择心形形状，如图 140-22 所示，在图像合适位置绘制图像，如图 140-23 所示。

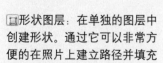

图140-22

图140-23

12 选择"路径"面板，此时面板如图 140-24 所示，按住 Ctrl 键的同时单击"工作路径"的路径缩览图将其载入选区，返回"图层"面板，将选区填充为白色，按下 Ctrl+D 键取消选区，效果如图 140-25 所示。

图140-24　　　　　　　　图140-25

13 单击铅笔工具 ，将前景色设置为白色，并在属性栏中选择合适的笔触，如图 140-26 所示，在心形图案下方绘制线条，如图 140-27 所示。

图140-26　　　　　　　　图140-27

14 单击移动工具 ，按住 Alt 键的同时移动"图层 4"中的图像，自动生成"图层 4 副本图层"，反复操作得到多个图层，如图 140-28 所示，放开 Alt 键，分别调整各个图像到合适位置，如图 140-29 所示。

图140-28　　　　　　　　图140-29

15 选择"图层 4"，按下 Ctrl+T 键，对其进行自由变换，调整图像的大小，完成后按下 Enter 键确定。分别选择各个副本图层，对其进行相同操作，效果如图 140-30 所示。

图140-30

16 单击"创建新图层"按钮 ⬜ ，得到"图层 5"，单击画笔工具 ✏️ ，并在其属性栏中设置其参数，如图 140-31 所示。在图像合适位置添加合适的文字，如图 140-32 所示。

技巧提示：

在处理照片的时候，每一个步骤都尽量新建一个图层，这样便于对步骤进行修改。

图140-31

图140-32

17 单击横排文字工具 T ，在"字符"面板中设置各项参数，如图 140-33 所示。在图像合适位置输入文字，并按下 Ctrl+T 键，倾斜文字并将文字调整至合适的位置，如图 140-34 所示。

图140-33

图140-34

18 单击"创建新图层"按钮 ⬜ ，得到"图层 6"，单击画笔工具 ✏️ ，并在属性栏中设置其参数，如图 140-35 所示。在图像合适位置添加图像，增添图像的趣味性，如图 140-36 所示。

图140-35

图140-36

311

19 选择"图层2",单击"添加图层样式"按钮 **fx.**,在弹出的菜单中选择"投影",并在弹出的对话框中设置各项参数,如图140-37所示。完成后单击"确定"按钮,效果如图140-38所示。

图140-37

图140-38

20 选择"图层1",单击"添加图层样式"按钮 **fx.**,在下拉列表中选择"投影",并在弹出的对话框中设置各项参数,如图140-39所示。完成后单击"确定"按钮,效果如图140-40所示。

图140-39

图140-40

21 单击"创建新图层"按钮 ,得到"图层7",单击画笔工具 ,并在其属性栏中选择"滴溅"笔触,如图140-41所示。将前景色设置为白色,在图像四周添加边框,如图140-42所示。至此,本实例制作完成。

✛ 技巧提示:

使用画笔工具修饰图像的边缘效果时,要随时调节画笔的"不透明度",以确保处理的照片效果自然。

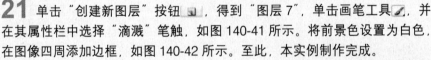
图140-41

图140-42

141　增加照片的趣味对话

视频文件：Chapter13\141增加照片的趣味对话.exe

Before

After

　　本例中原照片的小女孩聪颖活泼，但美中不足在于人物身后场景过于黯淡，显得十分单调，需要加入一些文字来平衡视觉效果同时也增添趣味。在处理中需要注意在图像适当的位置添加元素，避免图像杂乱没有主题。

主要使用功能：自定形状工具、钢笔工具、画笔工具等。

最终文件路径：Chapter13\141增加照片的趣味对话\Complete\增加照片的趣味对话.psd。

拍摄技巧：

选择一些景致漂亮的或者角度精致的地方进行拍摄，配上些可爱俏皮的表情，让照片本身就具有趣味性和可看性。

01 执行"文件 > 打开"命令，打开本书配套光盘中 Chapter13\141增加照片的趣味对话\Media\001.jpg 文件，如图 141-1 所示。复制"背景"图层，选择"背景副本"图层，结合使用椭圆工具 和钢笔工具 绘制圆形和指示箭头，并填充为黄色，如图 141-2 所示。

图141-1

图141-2

技巧提示：

绘制路径的时候注意线条的简洁、流畅。每个文字最好单独创建一个图层进行绘制，以便修改。图层过多时，可创建图层组来放置文字图层。

02 新建图层，使用钢笔工具 分别绘制文字形状的路径，将路径转化为选区，并填充自己喜爱的颜色。再用画笔工具进行适当修饰，然后使用自定形状工具绘制灯泡图案，并设置其图层样式，完成后效果如图 141-3 所示。最后使用柔角画笔，为小女孩添加可爱的腮红，效果如图 141-4 所示。至此，本实例制作完成。

图141-3

图141-4

142 增加照片的浪漫气氛文字效果

视频文件：Chapter13\142增加照片的浪漫气氛文字效果.exe

Before

After

本例中原照片的人物活泼可爱，可为照片添加趣味图案来更加突出人物的状态。在实际应用中需要注意绘制图案与照片的和谐结合。

 主要使用功能： 画笔工具、模糊工具、涂抹工具、自定形状工具等。

 最终文件路径： Chapter13\142增加照片的浪漫气氛文字效果\Complete\增加照片的浪漫气氛文字效果.psd。

拍摄技巧：

要拍摄充满浪温气氛的照片，可在光线明亮，色彩丰富的地方进行拍摄，捕捉自然不做作的瞬间。

01 执行"文件 > 打开"命令，打开本书配套光盘中 Chapter13\142增加照片的浪漫气氛文字效果 \Media\001.jpg 文件，如图 142-1 所示。复制"背景"图层，选择"背景副本"图层，单击画笔工具 为小孩子添加粉红色腮红，效果如图 142-2 所示。再使用自定形状工具，绘制黄色心形图案，如图 142-3 所示。

图142-1

图142-2

图142-3

技巧提示：

使用画笔工具的时候应选择柔和的画笔，并调整不透明度。

在使用形状工具的时候可根据实际操作控制形状大小与具体位置。

02 单击横排文字工具 输入文字，并添加文字图层样式，然后再对文字进行自由变换来调整角度，效果如图 142-4 所示。在心形图案上，结合使用画笔工具 、模糊工具 、涂抹工具 绘制心形图案的高光图案并进行处理，使其更加自然，效果如图 142-5 所示。最后再使用柔边的画笔工具，绘制白色圆点来修饰图像，效果如图 142-6 所示。至此，本实例制作完成。

图142-4

图142-5

图142-6

Chapter

14

数码照片的实用创意设计

本章主要是对日常生活中拍摄的照片进行处理，制作出一些流行的个性照片，比如时尚大头贴、夸张变形人物、个性电脑桌面、QQ表情等等。经典实用的实例制作让照片充满创意。相信通过本章的学习，可以更加深刻的了解Photoshop的各种功能，同时也可以开发自己的想象力，制作出时尚生动的照片。

143 制作时尚大头贴效果

视频文件：Chapter14\143制作时尚大头贴效果.exe

Before

After

本例中原照片为一张普通的合影照片，照片背景也非常平淡单调，可以将图像进行合成，制作成流行可爱的大头贴效果图像。在制作中需要注意原照片与合成图像的位置。

主要使用功能： 查找边缘滤镜、色彩平衡命令、图层混合模式等。

最终文件路径： Chapter14\143制作时尚大头贴效果\Complete\制作时尚大头贴效果.psd。

拍摄技巧：

拍摄要制作为大头贴的照片时，主要拍摄的是人物的脸部，因此脸部表情非常重要，这时应注意以下两点：

(1) 拍摄时，目光处在以镜头为中心的上下、左右10厘米范围内，都可以拍出正面感的照片，不一定非注视镜头中心不可。

(2) 拍摄的准备时间不宜过长，以免被摄者表情僵化。摄影者在按快门之前打个招呼，被摄者略微微笑一下即可。此时被摄者应张大眼睛，使双眼充满光辉，这样会使照片中的人显得精神。

01 执行"文件 > 新建"命令，新建一个图像文档，然后执行"文件 > 打开"命令，打开本书配套光盘中Chapter14\143制作时尚大头贴效果\Media\001.jpg和002.jpg文件，如图143-1和图143-2所示。

图143-1

图143-2

02 分别将001和002文件拖动到新建文件中，使用魔棒工具选取原002文件图像中间的空白处并删除，然后再适当调整两个图层的位置及大小。再对人物图层执行"色彩平衡"及"色相/饱和度"命令，效果如图143-3所示。复制人物图层，对副本图层执行"通道混合器"命令，并应用查找边缘滤镜，完成后再适当设置图层混合模式及不透明度。再输入文字并添加图层模式。最后去除右边人物头上的多余物，效果如图143-4所示。至此，本实例制作完成。

图143-3

图143-4

144 制作夸张变形的人物

Before

After

本例中小朋友的造型乖巧，但是没有特色，为了更加突出人物乖巧的个性，可对人物进行夸张变形处理。实际操作中要注意人物的透视变形。

主要使用功能： 图章工具、钢笔工具、液化滤镜等。

最终文件路径： Chapter14\144制作夸张变形的人物\Complete\制作夸张变形的人物.psd。

拍摄技巧：

拍摄这类童趣照片，需要小朋友配合。也可以抓拍，拍摄各种表情。背景最好选择色彩丰富的地方。使用普通拍摄或者深景模式都可以拍摄出效果很好的童趣照片。

01 执行"文件 > 打开"命令，在弹出的对话框中，选择本书配套光盘中Chapter14\144制作夸张变形的人物 \Media\001.jpg 文件，单击"打开"按钮打开素材文件，如图 144-1 所示。将"背景"图层拖移至"创建新图层"按钮 ▣ 上，复制"背景"图层，得到"背景副本"图层，如图 144-2 所示。

图144-1   图144-2

技巧提示：

在制作这种夸张变形的效果时一般都是对头部进行放大处理。因此在选择的图片的时候尽量选择人物上方画面留空比较多的图片来处理，这样效果更夸张更有趣。

02 选择"背景副本"图层，单击裁剪工具 ▣，在图像上拖选出黑框内的图像部分。完成后按下 Enter 键确定，效果如图 144-3 所示。单击钢笔工具 ▣，在图像上勾画出人物头像部分，完成后在头部图像上单击鼠标右键选择"建立选区"命令，在弹出的对话框中设置各项参数，如图 144-4 所示。完成后单击"确定"按钮，效果如图 144-5 所示。

技巧提示：

为了让选区和背景的更融合，一般会适当使用羽化功能。

图144-3   图144-4   图144-5

03 按下 Ctrl+J 键复制选区，得到"图层 1"，如图 144-6 所示。再使用相同的方法勾画出人物身体部分，并建立选区，按下 Ctrl+J 键复制选区，得到"图层 2"，如图 144-7 所示。单击"图层 1"和"图层 2"的"指示图层可视性"按钮，隐藏这两个图层，选择"背景副本"图层。单击仿制图章工具，按住 Alt 键的同时单击吸取背景图像，松开 Alt 键来修改人物身体部分将其替换为背景图案，完成后效果如图 144-8 所示。

图144-6

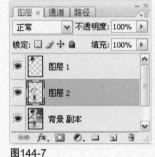
图144-7

图144-8

技巧提示：

简单的变形可通过自由变换命令来实现。如果制作更复杂的变化效果可以使用液化滤镜，来达到更夸张的变形效果。

04 单击"图层 1"的"指示图层可视性"按钮，显示该图层，按下 Ctrl+T 键进行自由变换，调整其大小及位置，完成后按下 Enter 键确定，效果如图 144-9 所示。选择"图层 1"，执行"滤镜 > 液化"命令，在弹出的对话框中使用向前变形工具和顺时针旋转扭曲工具，并设置其参数，如图 144-10 所示，对头像进行变形处理，完成后单击"确定"按钮，效果如图 144-11 所示。单击"图层 2"的"指示图层可视性"按钮，显示该图层，再按下 Ctrl+T 键进行自由变换，调整其大小及位置，完成后按下 Enter 键确定，效果如图 144-12 所示。

图144-9

图144-10

图144-11

图144-12

技巧提示：

根据图片本身对其做些色彩平衡的调整，能够与背景结合得更协调。

05 选择仿制图章工具，修复人物身体破烂部分，完成后效果如图 144-13 所示。选择"图层 1"，执行"图像 > 调整 > 色彩平衡"命令，在弹出的对话框中设置"中间调"的参数，如图 144-14 所示。完成后单击"确定"按钮，效果如图 144-15 所示。

图144-13

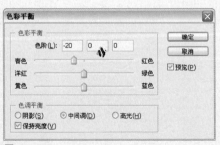
图144-14

图144-15

06 单击横排文字工具 T，在图像合适位置添加趣味文字，如图144-16所示。单击"添加图层样式"按钮 fx.，在下拉列表中选择"描边"选项，并在弹出的对话框中设置各项参数，如图144-17所示，完成后单击"确定"按钮，效果如图147-18所示。

图144-16　　　　　图144-17　　　　　　　　　　图144-18

**技巧提示：**

这里还可以选择自定形状工具，为图像添加一些个性元素。

07 单击"创建新图层"按钮，得到"图层3"，单击椭圆选框工具，在图像上绘制椭圆，执行"编辑 > 描边"命令，在弹出的对话框中设置各项参数，如图144-19所示，完成后单击"确定"按钮，按下 Ctrl+D 键取消选区，效果如图144-20所示。然后使用画笔工具在椭圆中绘制图像，如图144-21所示。

图144-19　　　　　　　图144-20　　　　　　图144-21

08 将"图层3"的图像载入选区，在按住 Alt 键的同时拖动选区，得到复制图像，并生成图层副本，按下 Ctrl+T 键对其进行调整，反复操作，最后按下 Ctrl+D 键取消选区。合并"图层3"及其副本，并设置"描边"图层样式，如图144-22所示。效果如图144-23所示。至此，本实例制作完成。

图144-22　　　　　　　　　　图144-23

145 制作个性电脑桌面

视频文件：Chapter14\145制作个性电脑桌面.exe

Before

After

　　本例中原照片只是一张普通的合影照片没有特点，可以将其制作成为个性的电脑桌面，让桌面与众不同。实际操作中抠取人物图像的时候要注意图像的细节。

 主要使用功能： 色彩平衡命令、亮度/对比度命令、动感模糊滤镜等。

 最终文件路径： Chapter14\145制作个性电脑桌面\Complete\制作个性电脑桌面.psd。

拍摄技巧：

拍摄人物时要注意人物的表情和眼神。拍合照的时候最好让两个人产生互动。

01 执行"文件 > 打开"命令，打开本书配套光盘中 Chapter 14\145制作个性电脑桌面\Media\001.jpg 文件，如图 145-1 所示。复制"背景"图层，并对"背景副本"图层执行"色彩平衡"和"亮度 / 对比度"、"通道混合器"及"查找边缘"命令，并设置图层的混合模式及不透明度，效果如图 145-2 所示。

图145-1

图145-2

技巧提示：

在调整照片的大小时，最好调整为 1024×768 像素，这个尺寸比较适合屏幕的显示。

02 从"背景"图层中抠取人物图像，生成"图层1"。再次复制"背景"图层，并对"背景副本2"进行动感模糊处理，并应用"内阴影"及"渐变叠加"图层样式，效果如图 145-3 所示。最后再为图像添加一些个性元素，如图 145-4 所示。至此，本实例制作完成。

图145-3

图145-4

146 制作QQ表情

视频文件：Chapter14\146制作QQ表情

Before

After

本例中原照片是普通的宠物照片，可以在照片上添加一些特殊的文字，制作成目前流行的QQ表情图片。

主要使用功能： 裁剪工具、色阶命令、自定形状工具。

最终文件路径： Chapter14\146制作时尚大头贴效果\Complete\制作QQ表情.psd。

拍摄技巧：

在给动物拍摄照片时，让动物配合是很重要的，这里介绍几个小技巧：

（1）试着把相机对准你的小猫或小狗，它们的好奇心会驱使它们走近相机，用鼻子闻闻镜头。你移开了，它们也会跟着你。

（2）拿一个有响声的玩具去吸引宠物的注意力。把它放在相机的后面，吸引宠物朝向镜头，当然行动也要快速，确保在1、2秒内完成拍摄，来记录宠物有趣的表情及动作。

01 执行"文件 > 打开"命令，打开本书配套光盘中 Chapter14\146制作QQ 表情 \Media\001.jpg 文件，如图 146-1 所示。先用裁剪工具 ，选取需要的部分。再使用色阶命令适当调整图像的色调，效果如图 146-2 所示。

图146-1

图146-2

02 新建"图层"，设置前景色为粉色（R248、G204、B206），使用自定形状工具 ，选择"思考 2"形状进行绘制，并使用橡皮擦工具擦除多余图像，复制"图层 1"，对"图层 1 副本"填充白色，并适当缩小，如图 146-3 所示。再适当添加一些图案和文字，一个搞笑的 QQ 表情就完成了，如图 146-4 所示。至此，本实例制作完成。

图146-3

图146-4

147 制作网络个人相册

Before

After

本例中原照片人物比较突出，表情可爱搞怪，可以结合一些照片制作成现在比较流行的网络个人相册。在实际应用中需要注意照片的位置、大小以及构图是否能够突出照片的内容。

主要使用功能： 曲线命令、高斯模糊滤镜、图层样式等。

最终文件路径： Chapter14\147制作网络个人相册\Complete\制作网络个人相册.psd。

拍摄技巧：

在拍个性照片的时候最好能够抓住人物的瞬间表情，以背景为辅人物为主。使用特写模式来拍摄能达到比较满意的效果。特写模式能够虚化背景，突出主题。

01 执行"文件 > 打开"命令，在弹出的对话框中，选择本书配套光盘中Chapter14\147制作网络个人相册\Media\001.jpg 文件，单击"打开"按钮打开素材文件，如图 147-1 所示。将"背景"图层拖移至"创建新图层"按钮 上，复制"背景"图层，得到"背景副本"图层，如图 147-2 所示。

图147-1

图147-2

技巧提示：

对一些色彩黯淡的图片通常使用曲线命令进行调整。参数设置可以根据图片本身来进行调整。

02 选择"背景副本"图层，执行"图像 > 调整 > 曲线"命令，在弹出的对话框中设置各项参数，如图 147-3 所示，完成后单击"确定"按钮，如图 147-4 所示。

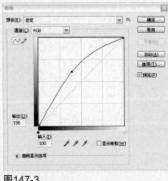

图147-3

图147-4

03 单击矩形选框工具，在图像合适位置建立选区，如图 147-5 所示，按下 Ctrl+J 键，复制选区得到"图层 1"，如图 147-6 所示。单击"图层 1"的"指示图层可视性"按钮 ，隐藏"图层 1"，选择"背景副本"图层，如图 147-7 所示。

图147-5

图147-6

图147-7

04 选择"背景副本"图层，执行"滤镜 > 模糊 > 高斯模糊"命令，在弹出的对话框中设置"半径"为 25 像素，如图 147-8 所示，完成后单击"确定"按钮，效果如图 147-9 所示。

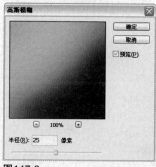
图147-8

图147-9

05 单击"添加图层样式"按钮 ，在下拉列表中分别选择"投影"和"斜面和浮雕"选项，并在弹出的对话框中设置各项参数，如图 147-10 和 147-11 所示，完成后单击"确定"按钮，效果如图 147-12 所示。单击"图层 1"的"指示图层可视性"按钮 ，显示"图层 1"，选择"图层 1"，按下 Ctrl+T 键，对其进行自由变换，并调整到合适位置，完成后按下 Enter 键确定，效果如图 147-13 所示。

图147-10

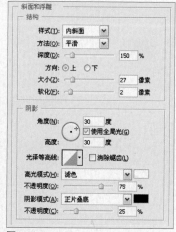
图147-11

技巧提示：
对背景进行模糊处理能使主题更突出。

图147-12　　　　　　　图147-13

06 按住 Ctrl 键的同时单击"图层 1"的图层缩览图，将图像载入选区，执行"选择 > 修改 > 扩展"命令，在弹出的对话框中设置"扩展量"为 20 像素，如图 147-14 所示，完成后单击"确定"按钮，效果如图 147-15 所示。

图147-14　　　　　　　图147-15

07 单击"创建新图层"按钮，得到"图层 2"，将前景色设置为白色，按下快捷 Alt+Delete 填充选区，并将"图层 2"拖至"图层 1"下方，如图 147-16 所示。按下快捷 Ctrl+D 取消选区，效果如图 147-17 所示。

图147-16　　　　　　　图147-17

08 选择"图层 1"，如图 147-18 所示，按下 Ctrl+E 键向下合并图层，并将其更命为"图层 1"，如图 147-19 所示。选择"图层 1"，按下 Ctrl+T 键对其进行自由变换，并调整至合适位置，完成后按下 Enter 键确定，效果如图 147-20 所示。

图147-18　　　　　　图147-19　　　　　　图147-20

09 选择"图层 1"，单击"添加图层样式"按钮，在下拉列表中选择"投影"选项，并在弹出的对话框中设置各项参数，如图 147-21 所示，完成后单击"确定"按钮，效果如图 147-22 所示。

图147-21　　　　　　　　　图147-22

10 执行"文件 > 打开"命令，在弹出的对话框中，选择本书配套光盘中 Chapter14\147制作网络个人相册\Media\002.jpg 文件，单击"打开"按钮打开素材文件，如图 147-23 所示。

图147-23

技巧提示：
直接在自由变换属性栏中进行设置，这样会使效果更准确和直接。

11 单击移动工具 ，将素材 002.jpg 文件拖至素材 001.jpg 中，自动生成"图层 2"，按下 Ctrl+T 键，对"图层 2"进行自由变换，并在其属性栏中设置其水平缩放和垂直缩放比例，如图 147-24 所示。将图像调整到合适位置，完成后按下 Enter 键确定，效果如图 147-25 所示。选择"图层 2"，按住 Ctrl 键的同时单击"图层 2"的图层缩览图，将图像载入选区，执行"选择 > 修改 > 扩展"命令，在弹出的对话框中设置"扩展量"为 15 像素，如图 147-26 所示。

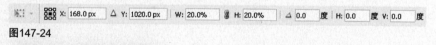

图147-24

图147-25　　　　　　　　　图147-26

12 完成后单击"确定"按钮，使用步骤 07 ~ 步骤 09 的操作方法，完成对 002.jpg 的操作，得到"图层 2"，效果如图 147-27 所示。选择"图层 2"，按下 Ctrl+T 键对其进行自由变换，将其调整至合适位置及大小，完成后按下 Enter 键确定，效果如图 147-28 所示。

技巧提示：

这里在对图像进行自由变换时应按住 Shift 键，以确保图像成比例进行缩放。

图147-27　　　　　　　　图147-28

13 执行"文件 > 打开"命令，在弹出的对话框中，选择本书配套光盘中 Chapter14\147制作网络个人相册 \Media\003.jpg 文件，单击"打开"按钮打开素材文件，如图 147-29 所示。按照前面相同的方法对素材 003.jpg 进行操作，完成后得到"图层 3"，如图 147-30 所示，效果如图 147-31 所示。

图147-29　　　　　　　　图147-30　　　　　　　　图147-31

14 执行"文件 > 打开"命令，在弹出的对话框中，选择本书配套光盘中 Chapter14\147 制作网络个人相册 \Media\004.jpg 文件，单击"打开"按钮打开素材文件，如图 147-32 所示。按照前面相同的方法对素材 004.jpg 进行操作，完成后得到"图层 4"，如图 147-33 所示，效果如图 147-34 所示。

图147-32　　　　　　　　图147-33　　　　　　　　图147-34

15 执行"文件 > 打开"命令，在弹出的对话框中，选择本书配套光盘中 Chapter14\147制作网络个人相册 \Media\005.jpg 文件，单击"打开"按钮打开素材文件，如图 147-35 所示。按照前面相同的方法对素材 005.jpg 进行操作，完成后得到"图层 5"，如图 147-36 所示，效果如图 147-37 所示。单击"创建新图层"按钮 ，得到"图层 6"，单击椭圆选框工具 ，在图像合适位置绘制椭圆，将前景色设置为红色（R255、G0、B0），按下 Alt+Delete 键填充选区，如图 147-38 所示。

图147-35　　　　　　　　图147-36

技巧提示：

可以直接选择椭圆工具，在属性栏中单击“填充像素”按钮，即可随意绘制任意大小的圆或者椭圆。

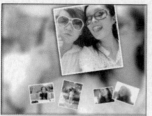

图147-37

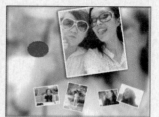

图147-38

16 执行“选择 > 修改 > 收缩”命令，在弹出的对话框中设置“收缩量”为 25 像素，如图 147-39 所示，完成后单击“确定”按钮，并将选区填充为白色，按下快捷键 Ctrl+D 取消选区，效果如图 147-40 所示。

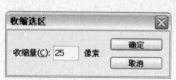

收缩选区
收缩量(C): 25 像素
确定
取消
图147-39

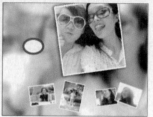

图147-40

技巧提示：

前面还可以直接选择画笔工具，设置好圆形的笔刷以及适当大小，直接在图像中进行单击，即可绘制出圆点效果。

17 单击椭圆选框工具，在图像合适位置绘制椭圆，并将其填充为白色，如图 147-41 所示，单击移动工具，按住 Alt 键的同时拖移选区，复制椭圆，得到多个椭圆效果，完成后按下 Ctrl+D 键取消选区，效果如图 147-42 所示。

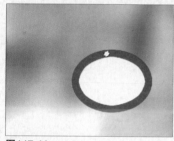

图147-41

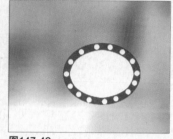

图147-42

18 单击铅笔工具，并在属性栏中设置其参数，如图 147-43 所示，设置前景色为红色（R255、G0、B0），在图像中绘制图案，如图 147-44 所示，再设置前景色为白色，继续绘制图案，效果如图 147-45 所示。

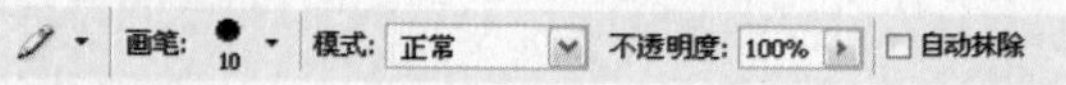

画笔:
10
模式: 正常
不透明度: 100%
自动抹除
图147-43

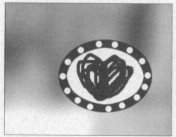

图147-44

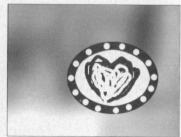

图147-45

19 单击铅笔工具 ✐，并在属性栏中设置其参数，如图 147-46 所示，设置前景色为黑色，在图像合适位置绘制图案，如图 147-47 所示。选择"图层 6"，按下 Ctrl+T 键对其进行自由变换，将其调整至合适大小及位置，完成后单击 Enter 键确定，效果如图 147-48 所示。

图147-46

图147-47

图147-48

20 单击画笔工具 ✐，并在属性栏中选择合适的笔触大小，如图 147-49 所示，单击"创建新图层"按钮 ▣，得到"图层 7"，并将其拖至"图层 2"下方，如图 147-50 所示，在图像合适位置绘制图案，如图 147-51 所示。单击钢笔工具 ◊，在图像合适位置绘制路径，如图 147-52 所示。

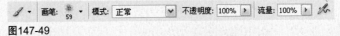

图147-49

图147-50

图147-51

图147-52

21 单击直排文字工具 Ⅱ，在"字符"面板设置各项参数，如图 147-53 所示，单击所绘路径的开始部分，输入文字，完成后效果如图 147-54 所示。

图147-53

图147-54

22 选择文本图层，单击"添加图层样式"按钮 fx，在下拉列表中选择"投影"选项，在弹出的对话框中设置各项参数，如图 147-55 所示，完成后单击"确定"按钮，效果如图 147-56 所示。

技巧提示：
投影效果在照片的边框中运用的最为广泛。

图147-55

图147-56

23 单击画笔工具 ✏️，并在属性栏中选择"绒毛环"笔触，如图 147-57 所示，单击"创建新图层"按钮 📄，得到"图层 8"，设置前景色为红色（R255、G0、B0），在图像合适位置进行绘制，效果如图 147-58 所示。至此，本实例制作完成。

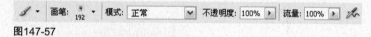

图147-57

图147-58

读书笔记

148 制作网络搞笑照片

Before

After

　　本例中原照片本身非常搞笑，可以对人物进行适当的夸张变形，使照片效果更加突出。在实际应用中对人物进行夸张变形时需要注意掌握好度，以免照片产生反效果。

 主要使用功能：曲线命令、钢笔工具等。

 最终文件路径：Chapter14\148制作网络搞笑照片\Complete\制作网络搞笑照片.psd。

拍摄技巧：

这类照片主要是日常生活中人物的趣味性照片，一般只要人物动作搞笑，既使是在比较单一的背景下也能拍出喜剧的效果。

技巧提示：

钢笔工具可以很好的选取复杂的图像并对其进行调整和处理。

 执行"文件 > 打开"命令，在弹出的对话框中，选择本书配套光盘中 Chapter14\148制作网络搞笑照片\Media\001.jpg 文件，单击"打开"按钮打开素材文件，如图 148-1 所示。将"背景"图层拖移至"创建新图层"按钮 上，复制"背景"图层，得到"背景副本"图层。选择"背景副本"图层，执行"图像 > 调整 > 曲线"命令，在弹出的对话框中设置各项参数，如图 148-2 所示，完成后单击"确定"按钮，效果如图 148-3 所示。单击钢笔工具 ，在图像中勾画出左边第一个人物的头部轮廓，如图 148-4 所示。

图148-1

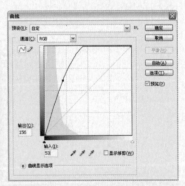

图148-2

图148-3

图148-4

02 在人物头像上单击鼠标右键，并在下拉列表中选择"建立选区"选项，在弹出的对话框中设置各项参数，如图 148-5 所示，完成后单击"确定"按钮，按下 Ctrl+J 键复制选区，得到"图层 1"，如图 148-6 所示。

图148-5

图148-6

03 选择"图层 1"，按下 Ctrl+T 键，并在属性栏中设置其水平缩放和垂直缩放的参数来调整图像的大小，如图 148-7 所示，完成后按下 Enter 键确定，效果如图 148-8 所示。

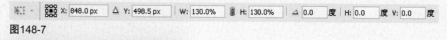

图148-7

图148-8

04 使用相同的方法，分别勾选出另两个人物头像，得到"图层 2"和"图层 3"，分别选择图层，并按下 Ctrl+T 键，然后在属性栏中设置水平缩放和垂直缩放的参数来调整图像的大小，如图 148-9 所示，完成后按下 Enter 键，效果如图 148-10 所示。

图148-9

图148-10

05 单击橡皮擦工具 ，并在属性栏中设置其参数，如图 148-11 所示，并在"画笔预设"中将"硬度"设置为 20%，如图 148-12 所示。先后选择"图层 1"、"图层 2"和"图层 3"擦除人物头像边缘多余图像部分，效果如图 148-13 所示。

技巧提示：
在"画笔预设"中对"硬度"进行设置，可控制画笔硬度中心的大小。

图148-11

技巧提示：

选择适合的笔刷，可以让擦除的效果好。

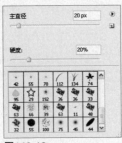

图148-12   图148-13

06 单击自定形状工具 ，在属性栏中的"形状"下拉列表中选择"思考2"形状，如图148-14所示，单击"创建新图层"按钮 ，得到"图层4"，在图像合适位置绘制图形路径，如图148-15所示。

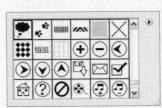

图148-14   图148-15

07 选择"路径"面板，此时面板如图148-16所示，按住Ctrl键的同时单击"工作路径"的路径缩览图，将图像载入选区，返回"图层"面板，将选区填充为白色，然后按下Ctrl+D键取消选区，效果如图148-17所示。

图148-16   图148-17

08 单击横排文字工具 ，在"字符"面板中设置字体及参数，如图148-18所示，在图像合适位置添加文字，如图148-19所示。

图148-18   图148-19

09 单击自定形状工具 ，在形状下拉列表中选择"搜索"，如图148-20所示，单击"创建新图层"按钮 ，得到"图层5"，在图像合适位置绘制图形路径。选择"路径"面板，按住Ctrl键的同时单击路径缩览图，将图像载入选区返回"图层"面板，并将选区填充为黑色，效果如图148-21所示。

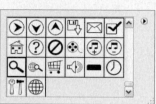

图148-20

图148-21

10 执行"编辑 > 描边"命令，在弹出的对话框中设置各项参数，如图148-22 所示。完成后单击"确定"按钮，按下 Ctrl+D 键取消选区，效果如图 148-23 所示。

图148-22

图148-23

技巧提示：

在"描边"对话框中的"模式"下拉列表中有许多模式可以选择，不同的模式会得到不同的视觉效果。

11 选择"图层 5"，按下 Ctrl+T 键，对其进行自由变换，并调整至合适位置，完成后按下 Enter 键确定，效果如图 148-24 所示。

图148-24

12 分别选择"图层 1"、"图层 2"和"图层 3"，依次执行"图像 >调整 > 曲线"命令，在弹出的对话框中设置各项参数，如图 148-25 ～ 图 148-27 所示，完成后单击"确定"按钮，效果如图 148-28 所示。

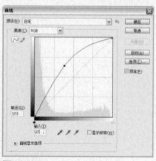
图148-25

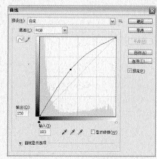
图148-26

技巧提示:

在使用调整命令调整图像的色彩时,一定要注意图像中体现的环境气氛,进行适当调整,以免照片失真。

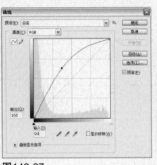

图148-27

图148-28

13 选择"背景副本"图层,将"背景副本"图层拖移至"创建新图层"按钮 上,复制"背景副本"图层,得到"背景副本2"图层。选择"背景副本2"图层,执行"图像 > 调整 > 色彩平衡"命令,在弹出的对话框中设置"中间调"的参数,如图148-29所示。完成后单击"确定"按钮,效果如图148-30所示。

图148-29

图148-30

14 选择"背景副本2"图层,执行"图像 > 调整 > 色阶"命令,在弹出的对话框中设置各项参数,如图148-31所示。完成后单击"确定"按钮,效果如图148-32所示。

图148-31

图148-32

15 选择"背景副本2"图层,执行"图像 > 调整 > 色相/饱和度"命令,在弹出的对话框中选择编辑"红色"选项并设置"饱和度"为+10,如图148-33所示。完成后单击"确定"按钮,效果如图148-34所示。

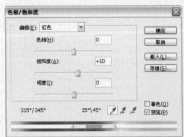

图148-33

图148-34

技巧提示：

在使用仿制图章工具修复破损的图像时，一定要在干净的图像中吸取颜色，并且注意和周围的图像是否衔接。

技巧提示：

使用色阶命令来调整图像可以很轻松的将图像调整为对比强烈并且色彩明亮的效果。

16 单击仿制图章工具，修复图像背景上破旧坏损的部分，完成后效果如图 148-35 所示。

图148-35

17 分别选择"图层 1"、"图层 2"和"图层 3"，依次执行"图像 > 调整 > 色阶"命令，在弹出的对话框中设置各项参数，如图 148-36 ~ 图 148-38 所示，完成后单击"确定"按钮，效果如图 148-39 所示。至此，本实例制作完成。

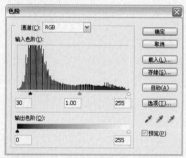
图148-36

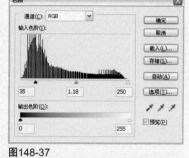
图148-37

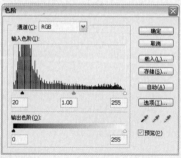
图148-38

图148-39

149 制作网络个人空间首页

视频文件：Chapter14\149制作网络个人空间首页.exe

Before

After

　　本例主要是将多张照片制作为网络个人相册。一般，在网页相册里一次只能上传一张照片，非常不方便，可以将照片进行拼贴组合，快速解决您的烦恼。

 主要使用功能： 裁剪工具、移动工具、矩形选框工具等。

 最终文件路径： Chapter 14\149制作网络个人空间首页\Complete\制作网络个人空间首页.psd。

拍摄技巧：

制作网络个人相册时，除了可以选择同天拍摄的照片以外，还可以任意选择不同时间拍摄的照片，但是需要注意这些照片的风格要比较一致。

技巧提示：

在上传照片的时候要注意照片的大小，可以执行"图像 > 图像大小"命令来进行修改。

01 执行"文件 > 打开"命令，打开本书配套光盘中 Chapter14\149 制作网络个人空间首页 \Media\001.jpg ～ 004.jpg 文件，如图 149-1 ～ 图 149-4 所示。

图149-1　　　　　图149-2　　　　　图149-3　　　　　图149-4

02 单击裁剪工具，在属性栏中设置"高度"为 9.41 厘米、"宽度"为 7.01 厘米，分别对 4 张照片进行准确裁剪。新建一个文档，分别全选每张照片，并羽化选区后，再将照片拖动到新建文件中，如图 149-5 所示。最后对背景填充黑色，再将合成的图像文件上传到个人空间主页中即可，如图 149-6 所示。至此，本实例制作完成。

图149-5　　　　　　　图149-6

150 制作标准证件照

Before

After

　　本例主要是将普通的正面照片快速制作成工作中需要的证件照。在实际应用中需要注意人物与光源的位置关系。

 主要使用功能： 收缩命令、羽化命令、光照效果滤镜等。

最终文件路径： Chapter14\150制作标准证件照\Complete\制作标准证件照.psd。

拍摄技巧：
拍摄此类照片的时候最好能够在背景颜色比较单一的环境下进行拍摄。这样比较能够突出主题人物。

01 执行"文件 > 打开"命令，在弹出的对话框中，选择本书配套光盘中Chapter14\150 制作标准证件照 \Media\001.jpg 文件，单击"打开"按钮打开素材文件，如图 150-1 所示。单击快速选择工具，拖选出需要的人物部分，如图 150-2 所示。

图150-1

图150-2

技巧提示：
如果人物的头发比较杂乱的，在选取人物的时候可以通过"滤镜 > 抽出"命令来实现。

02 选择"背景"图层，执行"选择 > 修改 > 收缩"命令，在弹出的对话框中设置"收缩量"为 1 像素，如图 150-3 所示，完成后单击"确定"按钮，效果如图 150-4 所示。

技巧提示：
收缩选区命令可以很好的将选区进行等比例的缩小，方便选择。

收缩选区

收缩量(C)：　1　像素

确定
取消

图150-3

图150-4

150

技巧提示：

羽化选区命令主要用来柔和选区边缘，羽化的参数越大，选区的边缘线越宽，照片的处理中多用于合成图像，可使边缘过渡很自然。

03 按下 Ctrl+Alt+D 键，对选区进行羽化处理，在弹出的对话框中设置"羽化半径"为 1 像素，如图 150-5 所示，完成后单击"确定"按钮，效果如图 150-6 所示。

图150-5   图150-6

04 按下 Ctrl+J 键，对选区进行复制得到"图层 1"，如图 150-7 所示。单击裁剪工具，并在属性栏中设置其参数，如图 150-8 所示，然后在图像中拖选出人物头像部分，如图 150-9 所示，完成后按下 Enter 键确定，效果如图 150-10 所示。

图150-7   图150-8

图150-9   图150-10

05 单击"创建新图层"按钮，得到"图层 2"，如图 150-11 所示，并将"图层 2"拖移至"图层 1"下层，改变图层位置，如图 150-12 所示。选择"图层 2"，将前景色设置为红色（R255、G0、B0），按下 Alt+Delete 键，对"图层 2"进行填充，效果如图 150-13 所示。

图150-11   图150-12   图150-13

06 选择"图层1",单击橡皮擦工具 ，并在属性栏中设置各项参数,如图 150-14 所示,擦除人物头像边缘部分,使图像更加柔和,效果如图 150-15 所示。

画笔 模式：画笔 不透明度：100% 流量：100%

图150-14

图150-15

07 选择"图层1",执行"滤镜 > 渲染 > 光照效果"命令,在弹出的对话框中设置各项参数,如图 150-16 所示,完成后单击"确定"按钮,效果如图 150-17 所示。

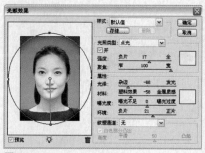

图150-16

图150-17

技巧提示：
在等比例缩小图像来调整画布大小的时候,可以使图像的边缘形成一个边框,产生描边的效果。

08 按下 Alt+Ctrl+C 键,调整画布大小,在弹出的对话框中设置各项参数,如图 150-18 所示,完成后单击"确定"按钮,效果如图 150-19 所示。

图150-18

图150-19

09 执行"编辑 > 定义图案"命令,在弹出的对话框中更改图像的名称,如图 150-20 所示,完成后单击"确定"按钮。

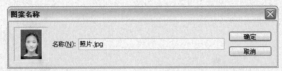

图150-20

10 执行"文件 > 新建"命令，在弹出的对话框中设置各项参数，如图150-21所示，完成后单击"确定"按钮，得到新文件。

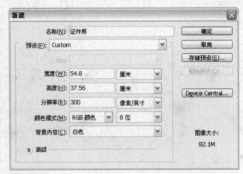

图150-21

11 执行"编辑 > 填充"命令，在弹出的对话框中选择定义的照片图案，如图150-22所示，完成后单击"确定"按钮，效果如图150-23所示。至此，本实例制作完成。

图150-22

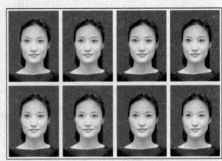

图150-23

读书笔记